App Inventor 智能手机编程与开发

冯敬益 主 编

钟培力 黎启韶 陈嗣荣 钟艳华 黄华兴 副主编

林 育 参 编

電子工業出版社

Publishing House of Electronics Industry

北京 · BEIJING

内 容 简 介

全书共分为 8 个项目，前 5 个项目为了解 App Inventor 2.0、App Inventor 2.0 编程基础、基本组件的使用、画布和动画。网络和通信；后 3 个项目为进阶项目，通过案例实践，让读者掌握所学的知识，激发创新思维，包括游戏制作、物联网“应用”、人工智能“应用”。

本书内容丰富，精选的项目案例知识涵盖全面且易于操作，方便初学者学习。本书可用作中等职业学校信息技术相关课程的教材，还可作为移动应用开发人员、计算机爱好者的参考书籍。

图书在版编目（CIP）数据

App Inventor 智能手机编程与开发 / 冯敬益主编. —北京：电子工业出版社，2022.7

ISBN 978-7-121-43636-9

Ⅰ. ① A… Ⅱ. ① 冯… Ⅲ. ① 移动通信—应用程序—程序设计 Ⅳ. ① TN929.53

中国版本图书馆 CIP 数据核字（2022）第 093395 号

责任编辑：寻翠政
印　　刷：北京虎彩文化传播有限公司
装　　订：北京虎彩文化传播有限公司
出版发行：电子工业出版社
　　　　　北京市海淀区万寿路 173 信箱　邮编　100036
开　　本：880×1 230　1/16　印张：12　字数：264.6 千字
版　　次：2022 年 7 月第 1 版
印　　次：2025 年 2 月第 5 次印刷
定　　价：45.00 元

凡所购买电子工业出版社图书有缺损问题，请向购买书店调换。若书店售缺，请与本社发行部联系，联系及邮购电话：（010）88254888，88258888。

质量投诉请发邮件至 zlts@phei.com.cn，盗版侵权举报请发邮件至 dbqq@phei.com.cn。

本书咨询联系方式：（010）88254591，xcz@phei.com.cn。

前　　言

麻省理工学院研究小组与 Google（中国）公司于 2014 年正式在国内推出了号称“不需要编程基础，会打字就会写程序”的 App Inventor 2.0 Android 手机编程平台，用户只需要像搭积木一样把代码块放入工作平台，再输入必要字符，开发平台就会自动把这些字符转化为智能手机可以识别和运行的 APK 程序包，从而大大降低了手机编程的技术门槛。本书用简洁的文字和生动的图片来讲解 App Inventor 2.0 的操作，引导学生通过模仿和改进学习开发自己的手机程序，促成“每个人都能开发自己的手机程序”愿望的实现！

App Inventor 2.0 在很大程度上简化了用户的编程工作，用户不需要记忆大量的程序代码、函数，可以将更多的时间和精力放在程序逻辑上，是一个很好的程序开发工具。

从 2015 年开始，本书主编每年都会运用 App Inventor 2.0 编写软件参加广东省、广州市教育教学工具类软件系统评奖，多次获一等奖；还曾在全国教育教学信息化课件比赛中获得一等奖；辅导的学生参加全国中小学计算机制作比赛获得两个全国一等奖，参加广州市中等职业学校技能竞赛，连续多年获得一、二等奖。本书是编者团队在多年 App Inventor 2.0 领域进行教学研究的成果积累和体现，配套大量微课课程资源，学生可以随时随地利用碎片化时间进行自主学习，教师可以使用该资源进行翻转课堂的教学实践。在本书项目二中，编者加入了 2015 年广州市中等职业学校技能竞赛 App Inventor 2.0 手机编程的试题——“计步器程序”及其讲解，旨在通过案例引导、项目驱动、学赛互促的方式加强读者对 App Inventor 2.0 的认识。

本书参考学时为 54 ~ 70 学时，建议采用理论实践一体化的教学模式，各项目的参考学时见学时分配表。

学时分配表

项　　目	课 程 内 容	学　　时
项目一	了解 App Inventor 2.0	4～6
项目二	App Inventor 2.0 编程基础	6～8
项目三	基本组件的使用	8～10
项目四	画布和动画	8～10
项目五	网络和通信	8～10
项目六	游戏制作	8～10
项目七	物联网“应用”	6～8
项目八	人工智能“应用”	6～8
课时总计		54～70

本书 8 个项目从 App Inventor 2.0 的 Android 应用开发拓展到手机以外的传感器、物联网、人工智能等实际“应用”，对提高学生的实际问题解决能力和创新能力，具有一定的作用。

特别感谢北京联合大学徐歆恺老师对本书编写目录和部分案例提出优化意见，感谢谢秋梅老师对本书进行文字校对及排版。

本书是广州市信息工程职业学校承担的 2016 年广州市精品课题《App Inventor 2.0 手机编程》的研究成果之一。

由于时间仓促，加之编者经验和水平有限，如有疏漏和不足之处，恳请广大读者提出宝贵意见，以便我们再版时修改、完善。谢谢！

现在开始编写你自己的程序，让大家都喜欢你的程序吧！

编　者

目 录

了解 App Inventor 2.0

智能手机（Smartphone）是指像个人计算机一样，具有独立操作系统、独立运行空间，可以由用户自行安装软件、游戏、导航等第三方服务商提供的程序，并可以通过移动通信网络来实现无线网络接入手机类型的总称。如今，智能手机已不仅是一种通信工具，还具备了支付、社交、出行等多种用途，它使人们的生活更加智能化。智能手机要实现相关功能，必须搭载操作系统，Android 系统是目前全球使用最广泛的开源手机系统平台之一。它开放源代码，允许用户对源代码进行改造，自由定制自己的风格，因此受到了手机厂商的追捧。

但是，程序开发涉及各种复杂的计算机语言代码，极高的技术门槛把众多有志于程序开发的人都挡在了门外。为了降低门槛，普及程序开发技术，开发者们开发出一些不需要编写代码的程序开发平台来降低程序开发的门槛，以满足每个人都能编写程序的愿望，App Inventor 2.0 就是其中之一。

1.1 App Inventor 2.0 是什么

App Inventor 2.0 是一款基于 Web 图形化的面向没有编程经验的 Android 程序设计初学者的应用开发工具。它最初是 Google 实验室（Google Lab）2009 年的一个研究项目，由麻省理工学院（MIT）的 Hal Abelson 教授主持开发。App Inventor 2.0 代码块的理论最初基于 Ricarose Roque 的硕士论文，而代码块的实验基于另一位 MIT 教育项目负责人 Eric Klopfer 创造的 StarLogo 模拟程序。2010 年 12 月 5 日 App Inventor 2.0 对外公测，2012 年 1 月 1 日 Google 公司由于业务发展调整，将该项目移交给麻省理工学院移动学习中心（MIT Center for Mobile Learning），由麻省理工学院在开源协议下开放该项目的源代码，并提供一个可供公共访问的云端“组件设计”视图。2012 年 3 月 4 日，App Inventor 2.0 研发小组发布了 App Inventor 2.0 和新的 App Inventor 2.0 官方网站。App Inventor 2.0 最大的特点是“拼软件”，即通过拖放图形化的组件和代码块，将这些代码放在一起，就能产生一个应用程序（App）。使用 App Inventor 2.0 大大降低了 App 的开发难度，用户无须了解 Java 基础知识，无须编写代码，更不需要记忆各种编程命令。在代码块之间限定匹配，降低了语法出错的可能。

1.2 App Inventor 2.0 的三大作业代码块

App Inventor 2.0 的三大作业代码块分别是设计界面、编程设计和模拟器，如图 1-1 所示。

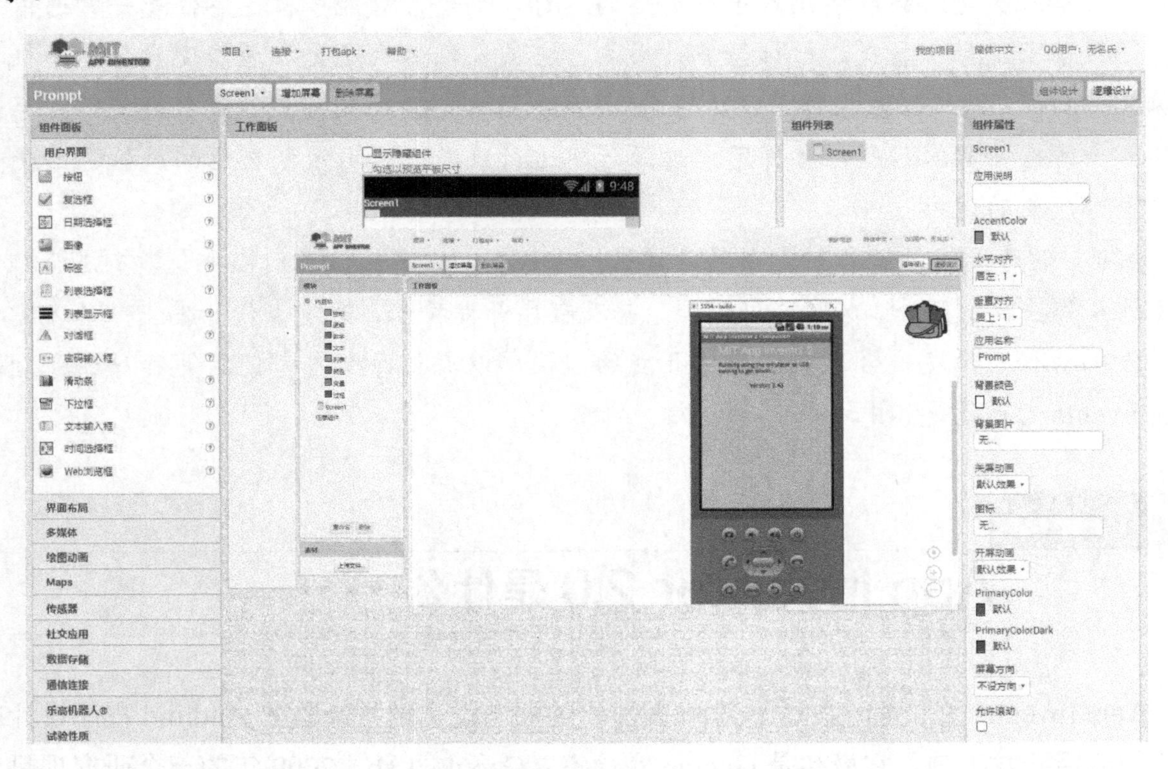

图 1-1 App Inventor 2.0 的三大作业代码块

设计界面：通过此代码块实现案例设定、元件布局及元件属性设定的功能。

编程设计：通过此代码块，可操作不同属性的定义元件、控制元件及逻辑元件等进行程序设计。但与传统写代码的程序设计方式有所不同，App Inventor 2.0 程序设计方式主要以拼图作业模式进行，技术难度大为降低。

模拟器：在没有 Android 设备时，可用模拟器来进行案例测试，但模拟器在部分功能

方面无法提供测试（如重力传感器等）。

1.3 App Inventor 2.0 的配置要求与资源推荐

1.3.1 App Inventor 2.0 的配置要求

1. 操作系统

（1）Windows：Windows XP、Windows Vista、Windows 7\8\10。

（2）Macintosh（使用 Intel 处理器）：Mac OS X 10.5 或更高版本。

（3）GNU/Linux：Ubuntu 8 或更高版本，Debian 5 或更高版本。

2. 浏览器

（1）Mozilla Firefox 3.6 或更高版本。

（2）Apple Safari 5.0 或更高版本。

（3）不支持 Microsoft Internet Explorer。

3. 模拟器

（1）Phone、Tablet 或 emulator（模拟器）。

（2）Android Operating System 2.3 或更高版本。

4. 调试工具

（1）App Inventor 2.0 汉化测试版。

（2）App Inventor 2.0 调试工具。

1.3.2 资源推荐

离线配置方法见本书附录 A。

国内 App Inventor 2.0 服务器：广州市电教馆 App Inventor 2.0 服务器，其登录界面如图 1-2 所示，本书所有案例都是在此服务器上完成的，此服务器适用于全国。

图 1-2　广州市电教馆 App Inventor 2.0 服务器登录界面

App Inventor 2.0 编程基础

在项目一中，我们已经了解 App Inventor 2.0 的三大工作代码块及配置要求。接下来，让我们深入分析 App Inventor 2.0 与 Android 开发之间的联系，了解 App Inventor 2.0 开发的优势及基本编程方法，开始动手编写第一个 Android 应用吧！

2.1 Android 简介

Android 是 Google 公司开发的基于 Linux 平台的手机操作系统，Android 分为四层，从高到低分别是应用程序层、应用程序框架层、系统运行库层和 Linux 内核层。

Android 目前应用非常广泛，软硬件要求、对应的系统及应用程序工具等不会受各种条条框框的限制，开发者可以任意修改开放的源代码，从而开发各种实用的手机 App。

Android 包括操作系统、用户界面和应用程序——手机工作所需的全部软件。Google 公司与开放手机联盟合作开发了 Android，这个联盟由包括中国移动、摩托罗拉、高通、宏达和 T-Mobile 在内的 30 多家技术和无线应用的领军企业组成。

Android 包含 4 个基本组件：Activity、Service、Broadcast Receiver、Content Provider。其中 Activity 是 4 个组件中最基础的一个。但基础并不等同于简单、不重要，恰恰相反，掌握 Activity 是开发者学好 Android 的前提。

2.2 开发第一个 Android 应用

2.2.1 App Inventor 2.0 的环境搭建

（1）双击 App Inventor 2.0 调试工具，如图 2-1 所示，弹出调试工具界面，如图 2-2 所示。程序打开后不可以关闭。

图 2-1　调试工具

图 2-2　调试工具界面

（2）打开 Google Chrome 浏览器，进入浏览器首页，在地址栏中输入网址 http://www.hxedu.com.cn/ Resource/OS/AR/zz/xcz/202101505/1.html，如图 2-3 所示，打开登录界面，如图 2-4 所示。

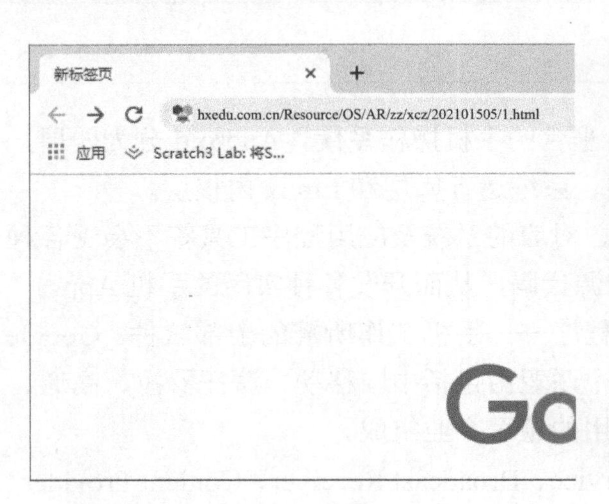

图 2-3　输入网址

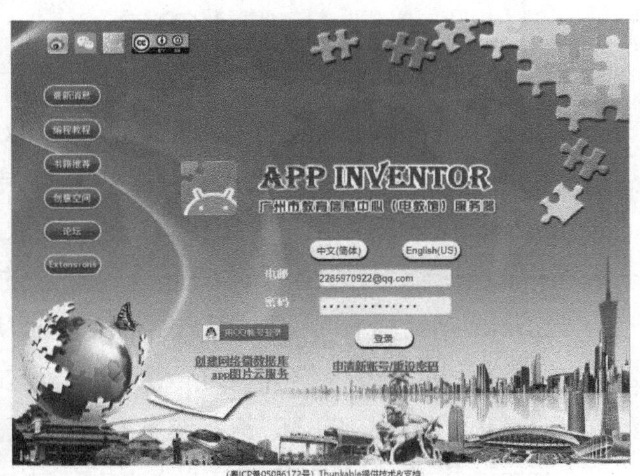

图 2-4　登录界面

（3）在登录界面既可以选择用邮箱登录，也可以选择用 QQ 账号登录，单击“用 QQ 账号登录”按钮打开“QQ 登录”界面，如图 2-5 所示。如果没有 QQ 账号，可以选择注册新账号登录。

（4）出现如图 2-6 所示的平台界面，说明登录成功。

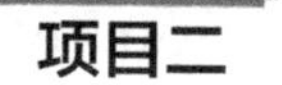

图 2-5 “QQ 登录”界面

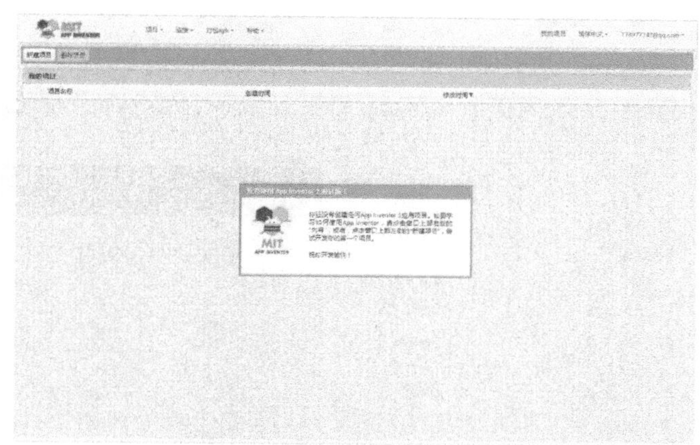

图 2-6 平台界面

2.2.2 新建项目

（1）单击界面上的“新建项目”按钮，在弹出的“新建项目”对话框中输入项目名称“HelloApp”，如图 2-7 所示。

【注意】项目名称只支持字母开头且只能包含字母、数字和下画线，不能有空格、特殊符号或中文。

图 2-7 新建项目“HelloApp”

（2）单击“确定”按钮，倒计时 3 秒后，跳转到项目列表界面，如图 2-8 所示，在“我的项目”列表中单击某个项目名称可打开设计界面，如图 2-9 所示。

图 2-8 项目列表界面

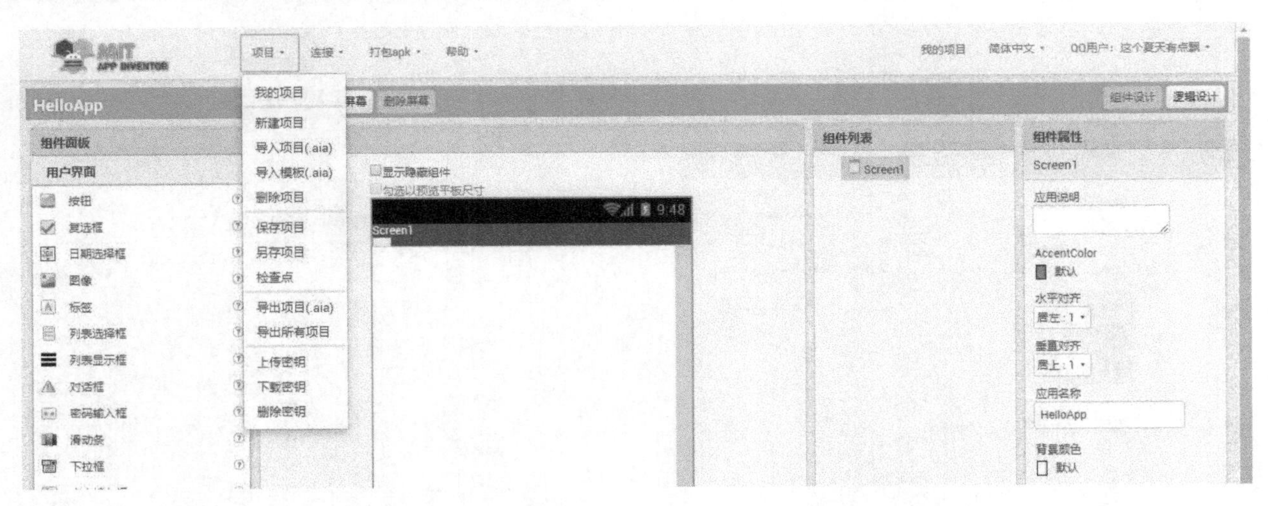

图 2-9　设计界面

2.2.3　组件设计

为方便初学者进行组件设计，先来熟悉组件设计界面的布局结构，如图 2-10 所示，把它简单划成 7 个区域。

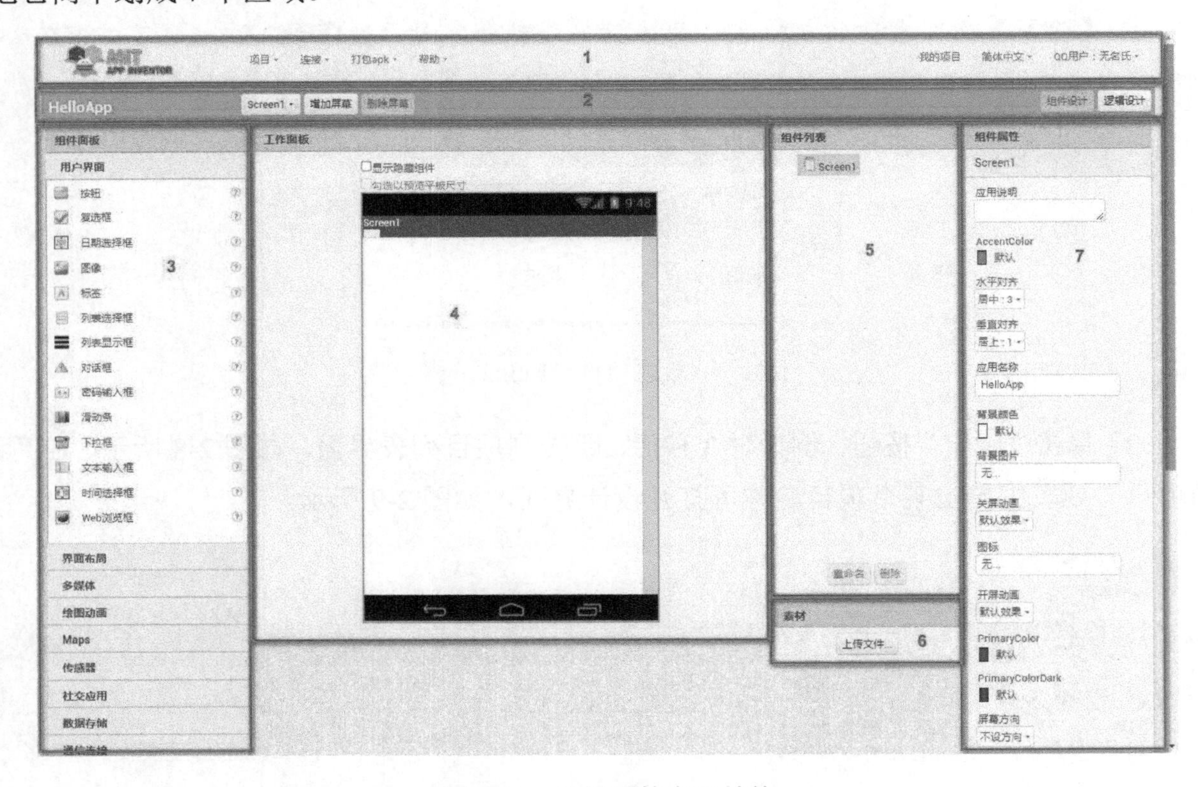

图 2-10　计界面的布局结构

（1）1—菜单栏，可以查看其他项目，也可以进行程序的连接、编译等。

（2）2—屏幕栏，可以为区域进行屏幕管理，包括增加屏幕、删除屏幕和切换到各个

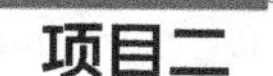

屏幕。右侧的“组件设计”和“逻辑设计”按钮可以使主环境在组件设计界面和逻辑设计界面之间进行切换。

（3）3—组件面板，包含各种组件，供用户选择。

（4）4—工作面板，等同于手机屏幕的组件。

（5）5—组件列表，添加组件后既可以在此处执行查询功能，也可以对添加的组件进行更改。

（6）6—素材，用于上传素材文件，项目所需的素材都在这里进行操作。

（7）7—组件属性，选中组件即可在此区域设置属性。

2.2.4 添加组件

在组件面板中，单击“用户界面”，分别将“标签”和“按钮”组件拖入工作面板中。在组件列表中选中“Screen1”组件，在组件属性中设置水平对齐为居中，并设置其他组件属性，如图 2-11 所示。

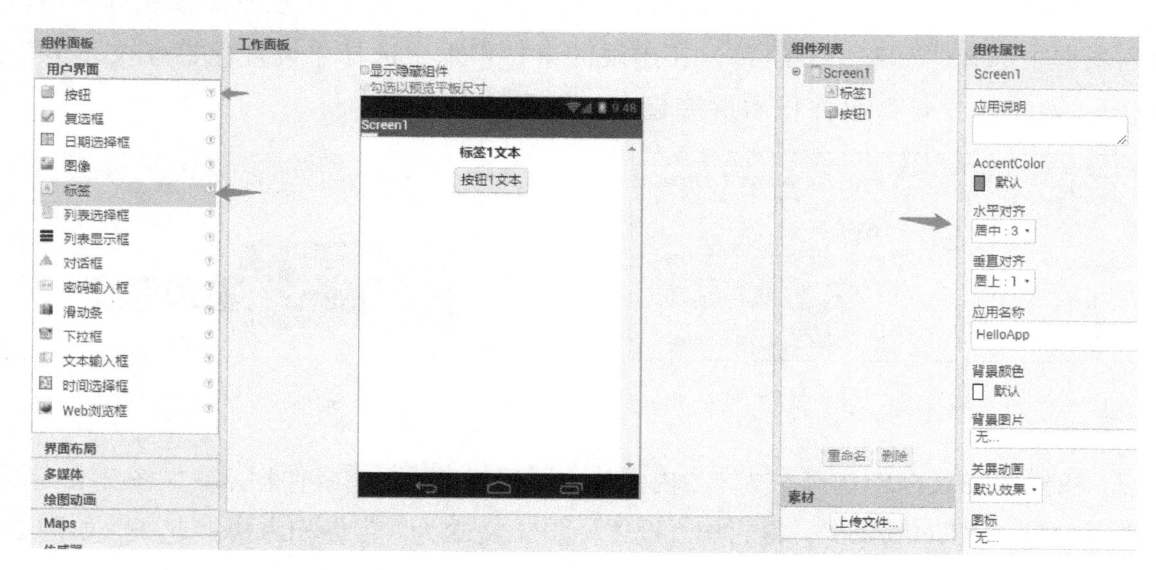

图 2-11 添加组件

2.2.5 逻辑设计

逻辑设计是程序设计中将计划、规划、设想等思维过程通过视觉的形式，用概念、判断、推理、论证表达出来的过程。

（1）单击“逻辑设计”按钮，将主环境切换至逻辑设计界面，如图 2-12 所示，在模块列表框中选择“按钮 1”组件，可以看到工作面板中出现了与其相关的所有事件积木（代码块）。

图 2-12　逻辑设计界面

（2）单击“当按钮 1.被点击执行”事件积木，可将其放置于工作面板中，如图 2-13 所示。“当按钮 1.被点击执行”事件积木的“属性积木”同时出现在左侧模块列表中，在模块列表框中选择“标签 1”组件，在出现的事件积木中选择“设置标签 1.文本为”与“当按钮 1.被点击执行”事件积木拼接起来，如图 2-14 所示。

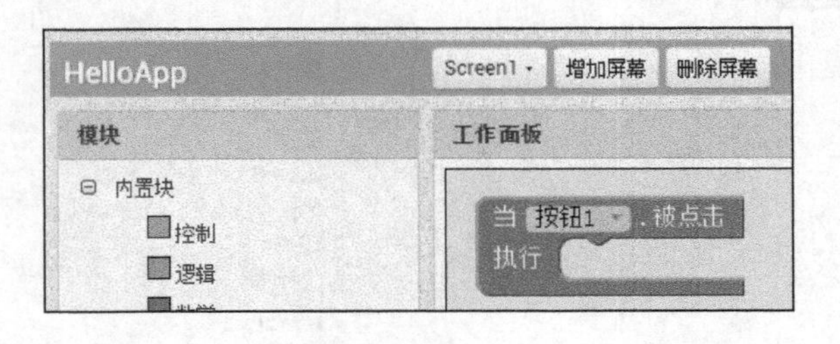

图 2-13　“当按钮 1.被点击执行”事件积木

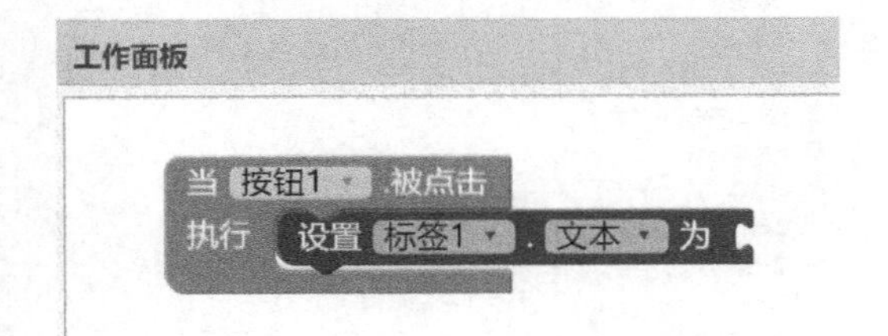

图 2-14　两块事件积木拼接

（3）在模块列表框中选择“文本”内置块，再选择 事件积木，如图 2-15 所示，在双引号中输入“HelloApp”，将它与“设置标签 1.文本为”事件积木拼接起来，如图 2-16 所示。

图 2-15　选择“文本”事件积木

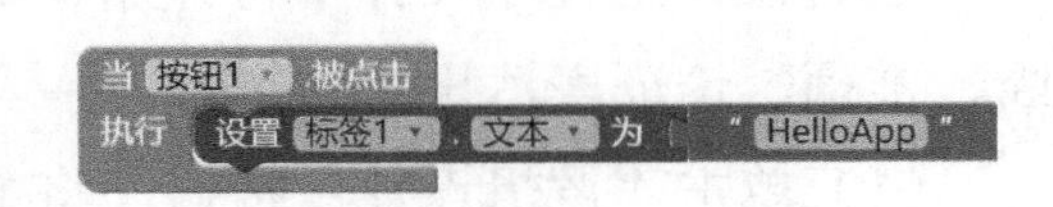

图 2-16　搭建完成

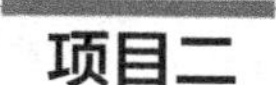

2.2.6 程序调试

程序调试是程序在投入实际运行前，用手工或编译程序等方法进行测试，以修正语法错误和逻辑错误的过程。这是保证计算机信息系统正确性的必要步骤。程序调试有 3 种方式，分别是 AI 伴侣、模拟器、USB 端口连接。

1. AI 伴侣

“AI 伴侣”是一款手机应用程序（App），可以实现计算机与手机同步，进而在手机中对计算机的开发应用进行调试，其安装与同步的方法如下。

（1）安装。

在手机应用市场中搜索“AI 伴侣”，下载安装即可。

（2）同步。

手机安装“AI 伴侣”后，需要与计算机中的 App Inventor 2.0 开发软件同步才能实现程序调试，以下是在同一局域网中无线同步的方法。

① 在计算机中登录 App Inventor 2.0 开发软件，选择菜单栏中的“连接”→“AI 伴侣”命令，调出二维码。

② 在手机中打开已安装的“AI 伴侣”，启动软件中的“扫一扫”功能，扫描计算机中的二维码即可实现同步。

2. 模拟器

（1）安装完 App Inventor 2.0 后，AiStarter 软件也自动安装完成，双击打开 AiStarter 软件，进入开发平台。

（2）在 App Inventor 2.0 平台中，单击“连接”→“模拟器”菜单命令，模拟器即可启动。

3. USB 端口连接

“USB 端口连接”是指直接使用 USB 线连接计算机，实现手机上的“AI 伴侣”与计算机中的 App Inventor 2.0 开发软件同步，这种调试方式与“AI 伴侣”调试的区别在于“AI 伴侣”调试是在无线网络中的无线连接，而“USB 端口连接”则是无须网络的有线连接。

“USB 端口连接”的同步方法如下。

（1）在本地计算机中安装 App Inventor 2.0 软件。

（2）手机上安装 AI 伴侣。

（3）用 USB 线将手机与计算机连接，计算机中弹出“USB 连接”的通知对话框，单击“确定”按钮后，应用便可在手机上运行，这时即可进行调试。

2.2.7 连接测试

单击菜单栏中的“连接”菜单，在弹出的子菜单中包含“AI 伴侣”“模拟器”“USB”3 种连接方式及“重置连接”“强行重置”2 种模式，如图 2-17 所示。

选择“模拟器”选项，启动模拟器，如图 2-18 所示。

图 2-17 连接菜单

图 2-18 启动模拟器

首先弹出提示模拟器已运行的对话框，如图 2-19 所示。

接着弹出如图 2-20 所示的提示对话框。耐心等待后，连接完毕。

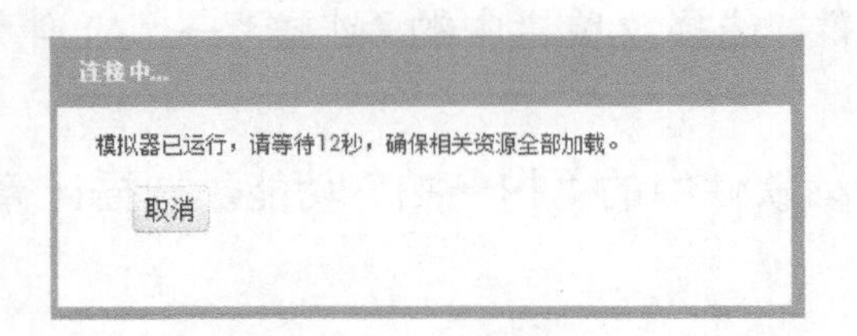

图 2-19 连接模拟器

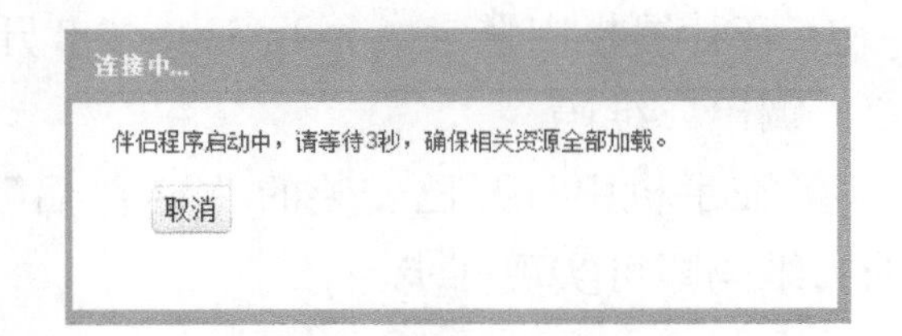

图 2-20 启动伴侣程序

连接完毕后，观察模拟器界面的变化情况，首先显示如图 2-21 所示的第一个界面，接着依次变化，最后显示组件设计的工作面板，即为模拟器启动成功。

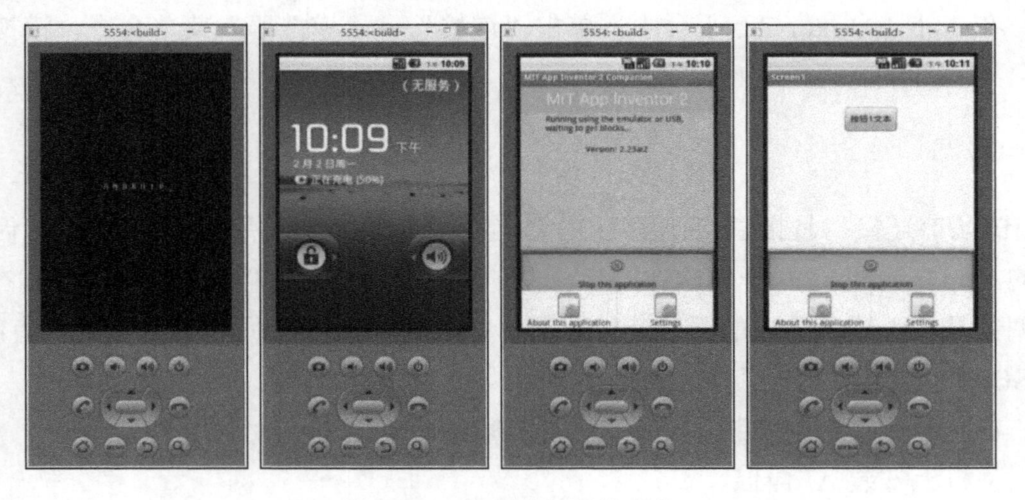

图 2-21 启动模拟器的变化

在模拟器上，呈现出第一个项目的最终效果，单击“按钮 1 文本”按钮，“HelloApp”

显示在按钮上方，如图 2-22 所示。

图 2-22　最终效果

2.3 实训项目 1（诞生记）

2.3.1　任务分析

以一个程序（诞生记）为实例，练习设计界面、编写代码、调试模拟器、测试的“组件设计”视图。要实现的功能是当模拟器运行时出现如图 2-23 所示的界面，使用手机摇一摇，出现如图 2-24 所示的界面，并且发出声音。

图 2-23　初始界面

图 2-24　最终效果界面

2.3.2 任务目标

- 掌握搭建环境的方法。
- 了解功能布局。
- 掌握按需要准备素材及导入素材的方法。
- 会使用加速度传感器和音频播放器组件进行组件设计和逻辑设计。
- 会使用通过 AI 伴侣调试应用程序或将应用程序下载到 Android 手机进行调试。

2.3.3 任务实施

1. 新建项目

（1）在 App Inevntor 2.0 平台中，单击界面左上角的“新建项目”按钮（或单击“项目”→“新建项目”菜单命令），在弹出的“新建项目”对话框中输入项目名称“App_dsj”，单击“确定”按钮建立项目，如图 2-25 所示。

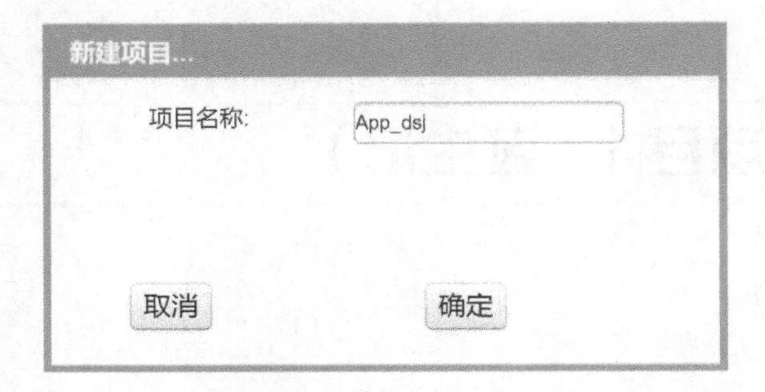

图 2-25 新建项目“App_dsj”

（2）单击“我的项目”按钮，可进入项目列表，如图 2-26 所示。

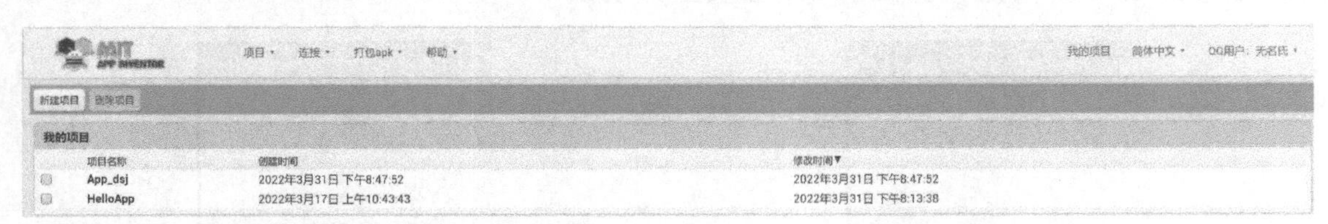

图 2-26 项目列表

（3）单击某个项目名称即可进入该项目的设计界面，如图 2-27 所示。“项目”菜单中包含“我的项目”“新建项目”“导入项目”“导入模板”“删除项目”“保存项目”“另存项目”“检查点”“导出项目”“导出所有项目”“上传密钥”“下载密钥”“删除密钥”等命令。

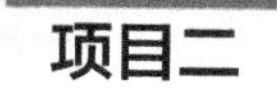

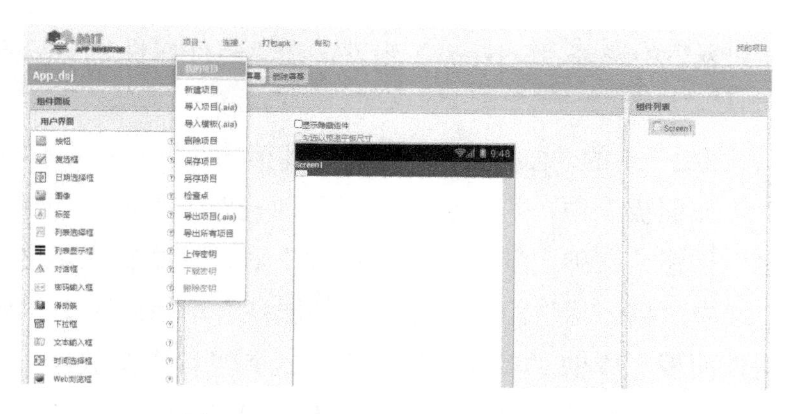

图 2-27　项目“App_dsj”设计界面

2. 上传素材

（1）在 App Inventor 2.0 组件设计界面中单击“上传文件”按钮。

（2）在弹出的对话框中单击“选择文件”按钮，选择“boy.jpg”文件，如图 2-28 所示。

（3）单击“确定”按钮便可完成“boy.jpg”文件的上传，再依次上传“egg.jpg”“egg.mp3”文件。素材上传完成后如图 2-29 所示。

图 2-28　上传文件

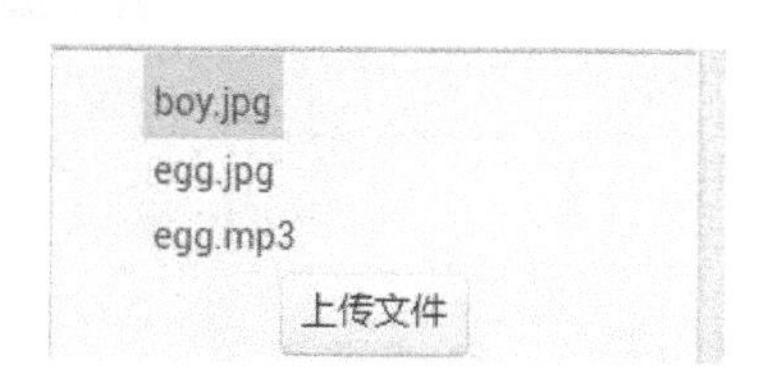

图 2-29　素材面板

3. 组件设计

本项目用到加速度传感器与音频播放器两个非可视组件。具体组件如表 2-1 所示。

表 2-1　“诞生记”的组件

组　件	所属面板	命　名	作　用	属性名	属性值
Screen	用户界面	Screen1	显示屏幕	背景图片	egg.jpg
				水平对齐	居中
				垂直对齐	居中
				背景颜色	透明
加速度传感器	传感器	摇一摇	判断手机振动	启动	打钩
				最小间隔（ms）	400
				敏感度	适中
音频播放器	多媒体	发音	播放声音	只能在前台运行	打钩
				源文件	egg.mp3
				音量	50

（1）在“组件列表”中选择“Screen1”组件，在“组件属性”中按照表 2-1 所示修改属性。

（2）单击“组件面板”中的“传感器”组件，找到第一个非可视组件“加速度传感器”，将该组件拖动至“工作面板”中，可以看到“组件列表”中出现“加速度传感器 1”，单击下方的“重命名”按钮，在弹出的“重命名组件”对话框中输入新名称“摇一摇”，单击“确定”按钮。选中“摇一摇”组件，在“组件属性”中按照表 2-1 所示修改属性。

（3）单击“组件面板”中的“多媒体”组件，找到“音频播放器”，按照上述步骤修改组件名称及设置属性。界面设计的最终效果如图 2-30 所示。

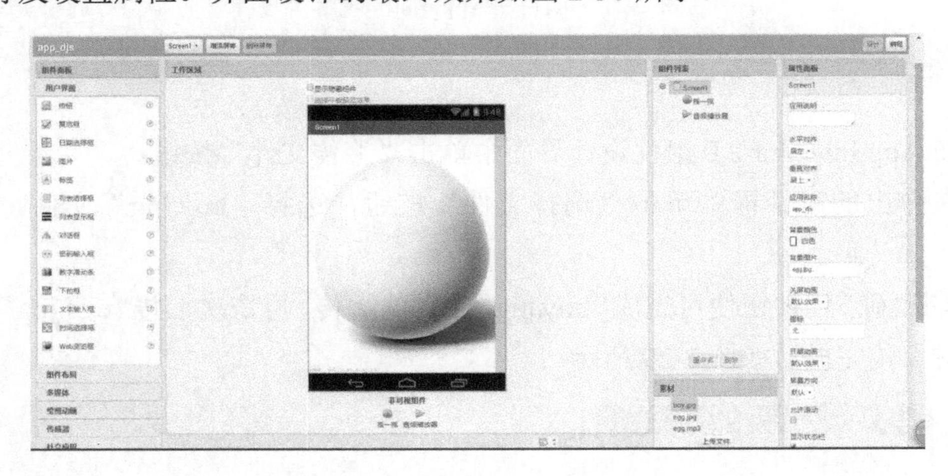

图 2-30　界面设计的最终效果

4. 逻辑设计

在前几步中已经为应用程序添加了背景图片、加速度传感器、音频播放器组件，但它们只是构成应用的“硬件”，接下来为这些“硬件”编写必要的“软件”。当摇动手机时，使应用程序的背景图片发生改变。项目的代码块如表 2-2 所示。

表 2-2　“诞生记”的代码块

代　码　块	类　型	作　用
当 摇一摇 被晃动时 执行	事件	当“摇一摇”晃动时执行嵌入的代码块
设 Screen1 的 背景图片 为	设属性值	设置“Screen1”的背景图片
“ ”	取属性值	设置空字符串的属性值
设 摇一摇 的 启用 为	设属性值	设置“摇一摇”的启动为“真”或“假”
假	设置逻辑	设置逻辑值“真”或“假”
让 发音 开始	事件	让音频播放器开始播放

（1）单击“逻辑设计”按钮，切换到逻辑设计界面。

（2）在逻辑设计界面左侧的模块列表框中，可以看到 3 个模块分组：内置块、Screen1 及任意组件，其中“Screen1”分组中列出了这个应用中的“摇一摇”和“发音”组件，单击其中的任意一个组件，打开该组件的代码块（事件积木）抽屉，可以看到一组属于该组件的可选代码块，在代码块中可以设置该组件的程序效果。

（3）单击“摇一摇”组件，拖出“当摇一摇被晃动时执行”代码块至工作面板。单击“Screen1”打开代码块抽屉，找到并拖出“设 Screen1 的背景图片为”代码块，单击“内置块”→“文本”代码块，并拖出空字符串文本代码块，输入图片文件名。单击“摇一摇”组件并拖出“设摇一摇的启用为”代码块，单击“内置块”→“逻辑”代码块，并拖出“假”代码块，单击“发音”组件并拖出“让发音开始”代码块，将它们拼接到列表中。逻辑设计完成效果如图 2-31 所示。

图 2-31　逻辑设计完成效果

5. AI 伴侣连接

因为项目实现功能需要手动摇动，所以无法使用计算机上的模拟器，故采用 AI 伴侣连接调试。

（1）在如图 2-32 所示的“连接”菜单中，选择“AI 伴侣”连接方式。前提条件是有一部 Android 手机，并且这部手机已安装“AI 伴侣”软件，手机和计算机必须连接同一个局域网。

（2）当弹出如图 2-33 所示的连接界面时，用 Android 手机打开“AI 伴侣”，弹出如图 2-34 所示的界面。可以手动输入编码，再点击“connect with code”按钮连接，也可以通过点击蓝色“scan QR code”按钮打开摄像头，扫描二维码，直到计算机中弹出如图 2-35 所示界面，单击“放弃”按钮，调试启动成功。

图 2-32 “连接”菜单

图 2-33 连接界面

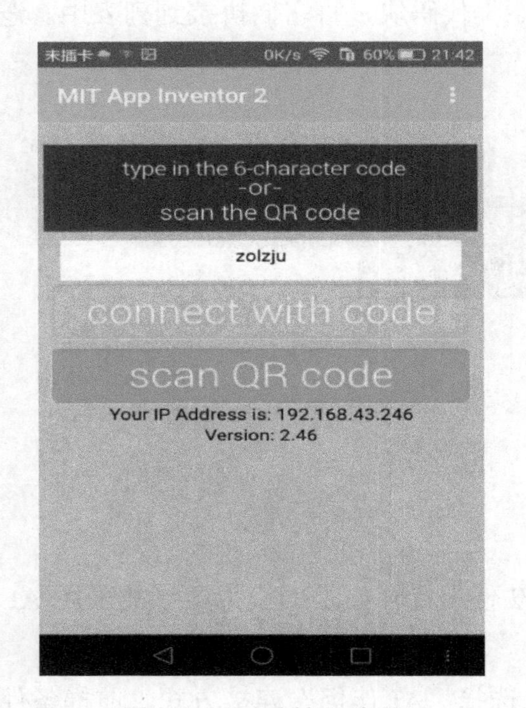

图 2-34 手动输入编码

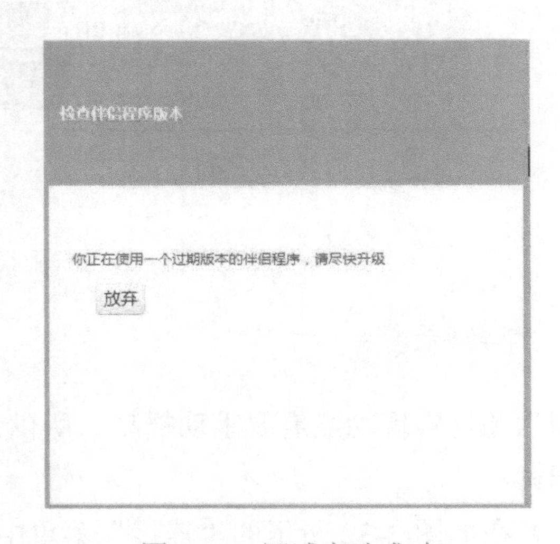

图 2-35 调试启动成功

2.3.4 活动扩展

如果感觉“诞生记”太单调，则可以重新设置背景图片及音频。回到组件设计界面，单击“组件列表”中的“Screen1”组件，在“组件属性”中更换背景图片的素材；单击“组件列表”中的“发音”组件，在“组件属性”中设置源文件。请试着完成相关逻辑设计。

2.3.5 知识链接

“Screen”为手机屏幕界面组件，其相应的属性如表 2-3 所示。

表 2-3　“Screen”的属性

属性名	作用
应用说明	对 App 的说明
水平对齐	横向对齐
垂直对齐	纵向对齐
应用名称	可更改 App 的名称
背景颜色	设置背景颜色
背景图片	设置背景图片
关屏动画	关闭屏幕时显示的动画，包括渐隐效果、缩放效果、水平滑动、垂直滑动、无动画效果及默认效果 6 个选项
图标	设置图标的图像
开屏动画	开启屏幕时显示的动画，选项与关屏动画一样
屏幕方向	设置屏幕方向，选项包括不设方向、锁定竖屏、锁定横屏、自动感应、用户设定
允许滚动	勾选此项时允许滚动，否则不允许滚动
标题	设置 App 的标题文字内容

1. 传感器

传感器是人类五官的延伸，又称为电五官。手机传感器已经成为智能手机的标配，它通过芯片来感应手机的各项参数，如温度、亮度、压力等。手机传感器的种类越来越多，常见的有加速度传感器、磁力传感器、方向传感器、陀螺仪、光线传感器、压力传感器、温度传感器、距离传感器、重力传感器、线性加速度传感器、旋转矢量传感器、位置传感器、光学传感器等。手机传感器如图 2-36 所示。

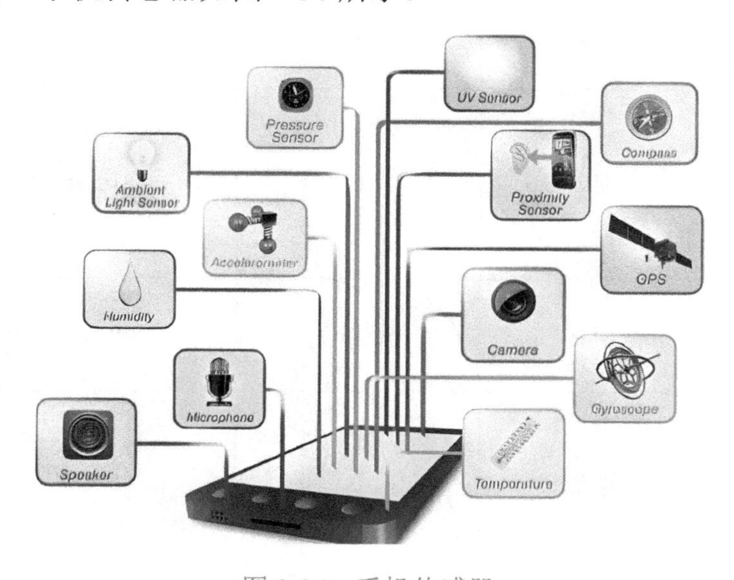

图 2-36　手机传感器

App Inventor 2.0 的传感器控件组中有加速度传感器、手机方位传感器和位置传感器等。

（1）加速度传感器。

“加速度传感器”是非可视组件，可以侦测到摇晃，并测出 3 个维度上的加速度分量的近似值，单位为 m/s^2。3 个分量为 xAccel、yAccel、zAccel。

xAccel：当手机在平面上静止时，其值为零；当手机向左倾斜时（右侧升起），其值为正；当手机向右倾斜时，其值为负。

yAccel：当手机在平面上静止时，其值为零；当手机顶部抬起时，其值为正；当手机底部抬起时，其值为负。

zAccel：当手机在平面上静止、屏幕朝上时其值为 9.8；屏幕与地面垂直时，其值为 0；屏幕朝下时，其值为−9.8。无论是否由于重力的原因，手机加速运动都会改变它的加速度分量值。

当手机摆放在不同位置时，xAccel、yAccel、zAccel 的值如表 2-4 所示。表 2-5 所示为“加速度传感器”的属性，表 2-6 所示为“加速度传感器”的代码块。

表 2-4　当手机摆放在不同位置时，xAccel、yAccel、zAccel 的值

手 机 摆 放	位　　置	xAccel	yAccel	zAccel
	朝上	0	$9.81m/s^2$	0
	朝左	$9.81m/s^2$	0	0
	朝下	0	$-9.81m/s^2$	0
	朝右	$-9.81m/s^2$	0	0
	正面朝上	0	0	$9.81m/s^2$
	背面朝上	0	0	$-9.81m/s^2$

表 2-5 “加速度传感器”的属性

启　　用	设置加速度传感器的启用或不启用
最小间隔	设置加速度传感器的最小时间间隔，单位为 ms
敏感度	设置加速度传感器的敏感度

表 2-6 “加速度传感器”的代码块

代　码　块	类　　型	作　　用
当 加速度传感器 . 加速被改变 X分量 Y分量 Z分量 执行	事件	当加速度传感器的 X 分量、Y 分量或 Z 分量的值改变时执行嵌入的代码块
当 加速度传感器 . 被晃动 执行	事件	当加速度传感器被晃动时执行嵌入的代码块
加速度传感器 . 可用状态（可用状态 / 启用 / 最小间隔 / 敏感度 / X分量 / Y分量 / Z分量）	取属性值	可以取加速度传感器 1 的可用状态、启用、最小间隔、敏感度、X 分量、Y 分量、Z 分量等属性值
设 加速度传感器 . 启用 为（启用 / 最小间隔 / 敏感度）	设属性值	可以设置加速度传感器的启用、最小间隔、敏感度等属性值
加速度传感器	取对象	取加速度传感器的一个实例

（2）位置传感器。

提供位置信息的非可视组件，提供的信息包括纬度、经度、高度（如果设备支持）及街区地址，可以实现“地理编码”，即将地址信息（不必是当前位置）转换为纬度（用由地址求纬度方法）和经度（用由地址求经度方法）。

2. 音频播放器

“音频播放器”为多媒体组件，可以播放音频，并控制手机的震动。“音频播放器”在组件设计界面的“组件面板”中，如图 2-37 所示。

用源属性来定义音频来源，手机震动的时间长度（毫秒数）需要在逻辑设计界面中设定。该组件适合播放较长的音频文件，如歌曲；而声音组件更适合播放较短的音频文件，如音效。“音频播放器”的属性如表 2-7 所示，代码块如表 2-8 所示。

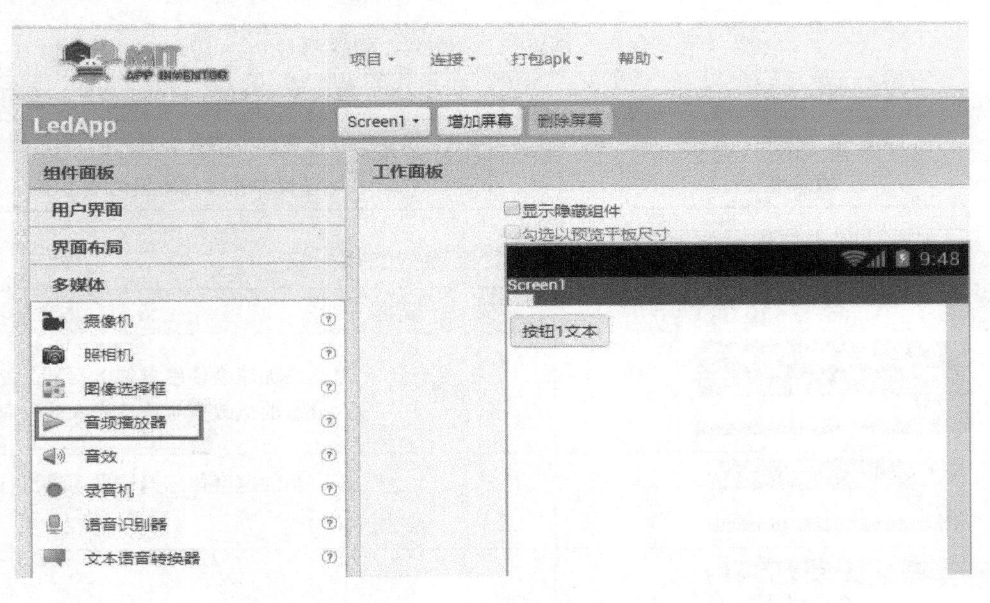

图 2-37　音频播放器

表 2-7　“音频播放器”的属性

属　性　名	作　　用
循环播放	一直循环播放音频
只能在前台运行	只播放一次音频
源文件	上传音频文件
音量	设置音频的音量

表 2-8　“音频播放器”的代码块

代　码　块	类　　型	作　　用
当 音频播放器 完成播放时 执行	事件	当音频播放器完成播放时执行嵌入的代码块
当 音频播放器 被其他播放器启动时 执行	事件	当音频播放器被其他播放器启动时执行嵌入的代码块
当 音频播放器 PlayerError时 消息 执行	事件	当音频播放器播放出错时执行嵌入的代码块
让 音频播放器 暂停		使音频源文件停止播放
让 音频播放器 开始		使音频源文件开始播放
让 音频播放器 停止		使音频源文件停止播放
让 音频播放器 振动 参数:毫秒数		使音频播放器发出振动

续表

代 码 块	类 型	作 用
设 音频播放器 的 循环播放 为	设属性值	设置音频循环播放
设 音频播放器 的 前台播放 为	设属性值	设置音频播放一次
设 音频播放器 的 源文件 为	设属性值	设置音频播放的源文件
设 音频播放器 的 音量 为	设属性值	设置音频播放的音量
音频播放器 的 播放状态 ✔ 播放状态 循环播放 前台播放 源文件	取属性值	可以取音频播放器的播放状态、循环播放、只能在前台运行、源文件的属性值
音频播放器	取对象	取音频播放器的一个实例

2.4 实训项目 2（计步器）

2.4.1 任务分析

计步器最早由意大利的伦纳德·达·芬奇提出，但现存最早的计步器是在芬奇去世 150 年后，即 1667 年制作的。计步器主要用于体育运动和分析记录行走步调。本项目将制作一个简单的计步器，需要事先准备好一张背景图和一个按钮边框图，如图 2-38 所示。

本项目要实现的功能是当手机被摇晃时，计时器开始工作，步数会慢慢增加，点击“保存”按钮将数据保存到列表显示框中。计步器的最终效果如图 2-39 所示。

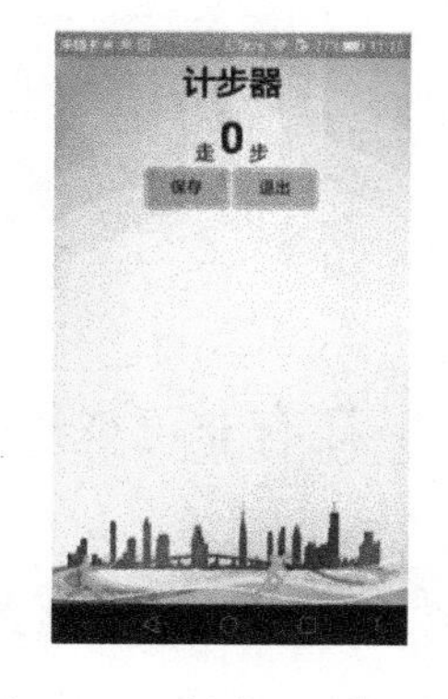

图 2-38 按钮及背景图

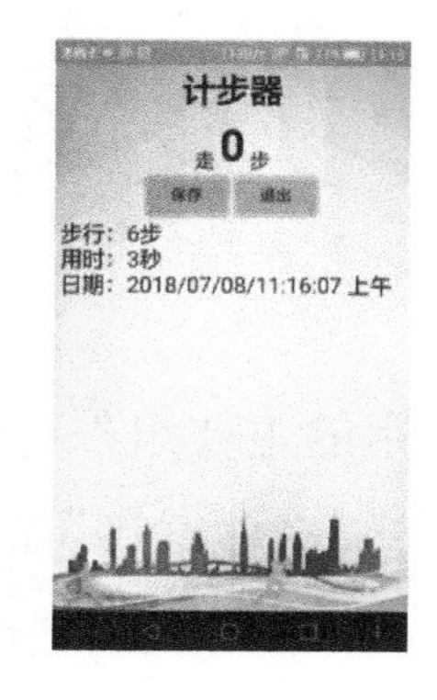

图 2-39 计步器的最终效果

2.4.2 任务目标

- 会导入图片。
- 会使用界面布局组件。
- 会定义变量。
- 理解语句的含义及作用。
- 会使用按钮、标签、数据库、计时器等组件进行组件设计和逻辑设计。
- 会使用 AI 伴侣调试应用程序或将应用程序下载到 Android 手机进行调试。

2.4.3 任务实施

1. 新建项目

在 App Inevntor 2.0 平台中，单击界面左上角的“新建项目”按钮（或单击“项目”→“新建项目”菜单命令），在弹出的“新建项目”对话框中输入项目名称“App_jbq”，单击“确定”按钮建立项目，如图 2-40 所示。

2. 上传素材

将 1.jpg 和 2.png 上传到该项目中，具体方法参考 2.3.3 的“上传素材”内容。上传素材如图 2-41 所示。

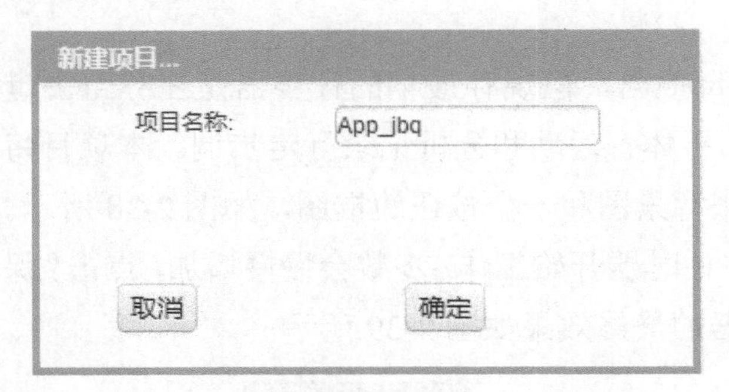

图 2-40 新建项目“App_jbq”

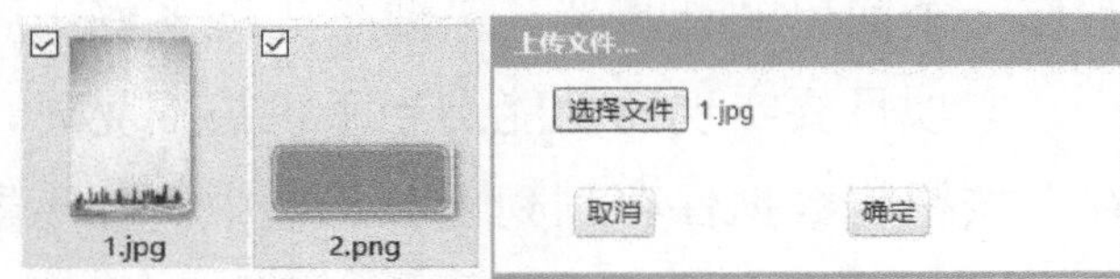

图 2-41 上传素材

3. 组件设计

本项目使用的主要组件有“按钮”“标签”“列表显示框”，还有非可视组件：“计时器”“加速度传感器”。“计步器”的组件如表 2-9 所示。

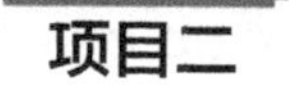

表 2-9 “计步器”的组件

组件	所属面板	命名	作用	属性名	属性值
Screen	用户界面	Screen1	显示屏幕	应用说明	计步器
				标题	计步器
				水平对齐	居中
				垂直对齐	居上
				背景图片	1.jpg
标签	用户界面	标题	显示	字号	25
				文本	计步器
		走	显示	文本	走
		步数	显示	粗体	真
				字号	40
				文本	0
		步	显示	文本	步
按钮	用户界面	保存	保存数据	高度	40 像素
				宽度	80 像素
				图像	2.png
				文本	保存
		退出	退出程序	高度	40 像素
				宽度	80 像素
				图像	2.png
				文本	退出
水平布局	界面布局	步数布局	放置标签	水平对齐	居中
				垂直布局	居下
				宽度	充满
				背景颜色	透明
		按钮布局	放置按钮	水平对齐	居中
				背景颜色	透明
列表显示框	用户界面	记录显示	显示列表	背景颜色	透明
				文本颜色	黑色
				字号	60
计时器	传感器	用时	计时	启用计时	真
加速度传感器	传感器	加载步数	摇动	启用	真
				最小间隔（ms）	400

【提示】“水平布局”组件的使用方法如下：在工作面板的手机屏幕中，将“走”“步数”“步”标签拖放至步数布局框中；将“保存”“退出”按钮拖放至按钮布局框中。

完成后，本项目的组件布局效果如图 2-42 所示。

图 2-42　组件布局效果

4. 逻辑设计

单击“逻辑设计”按钮，切换到逻辑设计界面。

（1）新建变量。

单击“内置块”→“变量”代码块，找到“初始化全局变量变量名为”代码块，将其拖出两次，将两个代码块的全局“变量名”分别修改为“个人记录”和“时间”；然后单击“内置块”→“列表”→“创建空列表”代码块，将其拖出，并将其与“个人记录”的全局变量代码块拼接；最后单击“内置块”→“数学”→“0”代码块，将其拖出并与“时间”的全局变量代码块拼接，如图 2-43 所示。

（2）加载步数。

单击“Screen1”→“加载步数”→“当加载步数.被晃动执行”代码块并将其拖出，单击“内置块”→“控制”→“如果……则……”代码块并将其拖出，单击“内置块”→“数学”→“0”“=”“+”3 个代码块，拖出 3 个“0”、1 个“=”及 1 个“+”代码块，将“=”代码块拼接到“如果……则……”代码块中，并将“0”代码块放在“=”代码块的右侧。拖出“Screen1”→“步数”→“步数.文本”和“设置步数.文本为”代码块，拖动“步数.文本”代码块，将其拼接到“=”代码块的左侧，组成一个条件语句。

将光标放置在全局变量“时间”的黑色字体上，弹出“设置 global 时间为”代码块，

将其拖出并与“0”代码块拼接，接着将其拼接到“如果……则……”代码块中，如图 2-44 所示。

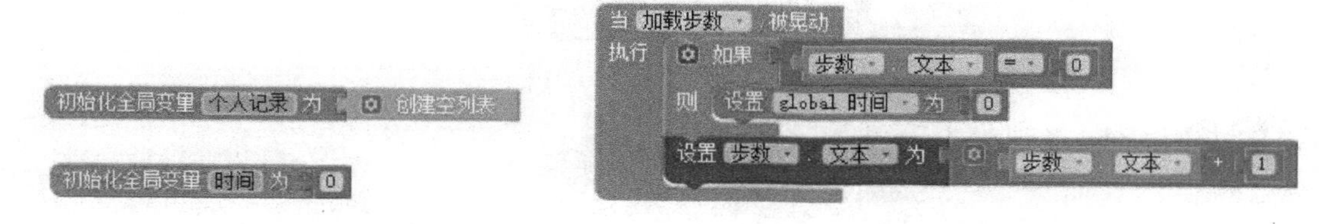

图 2-43　新建变量　　　　图 2-44　加载步数

【提示】在工作面板中，将鼠标放在全局变量“时间”的名称上，会出现两个代码块，如图 2-45 所示。此时，移动鼠标拖动某代码块，即可将其拖出。

图 2-45　选取代码块

（3）计算用时。

首先单击“Screen1”→“用时”→“当用时.计时执行”代码块并拖出，在变量中找到“设置 global 时间为”和“取 global 时间”两个代码块。然后单击“内置块”→“数学”，→“0”“+”代码块并拖出，修改“0”中的值。最后把所有代码块拼接，如图 2-46 所示。

图 2-46　计算用时

（4）保存记录。

单击“Screen1”→“保存”→“当保存.被点击执行”代码块并拖出，用代码块拼接一个条件语句，如图 2-47 所示。接着用列表的形式将数据保存到全局变量“个人记录”中，如图 2-48 所示。因为每次保存都要刷新数据，所以添加 3 行代码，显示历史记录，如图 2-49 所示。

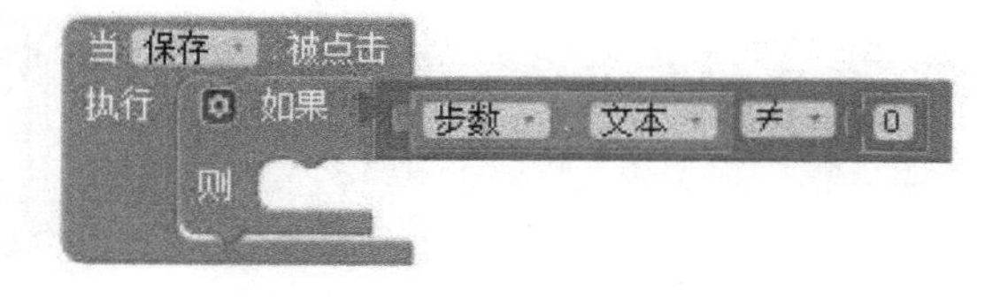

图 2-47　拼接条件语句

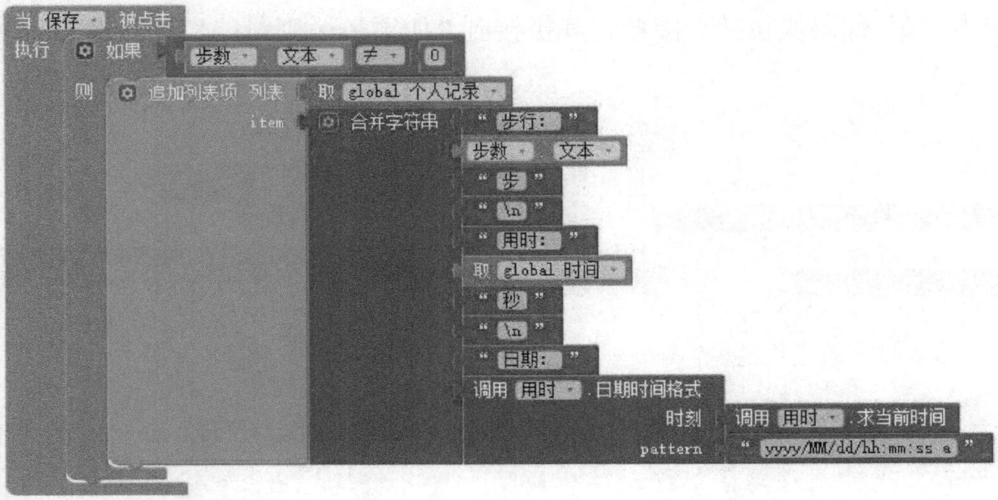

图 2-48　添加数据

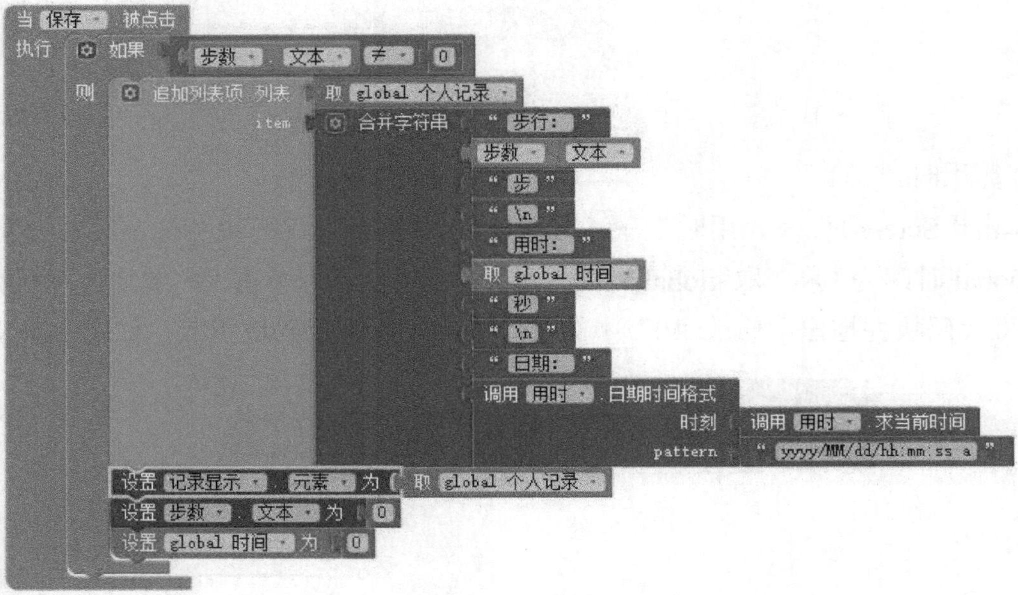

图 2-49　刷新数据

【提示】① 单击“内置块” → “列表”，可找到“追加列表项 列表 列表项”代码块。

② 单击“内置块” → “文本”，可找到“合并字符串”代码块。若要增加该代码块的输入项，单击“合并字符串”代码块前的齿轮状“设置”按钮，在弹出的代码块中，将左侧的“字符串”拖入右侧的“合并字符串中”即可，如图 2-50 所示。

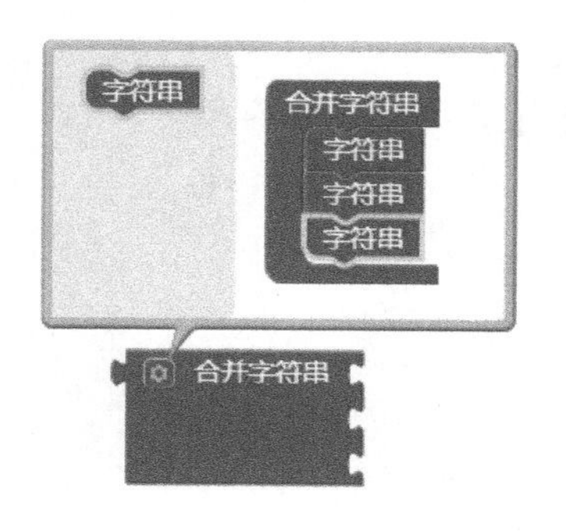

图 2-50　增加输入项

（5）删除数据。

当单击数据记录时，删除显示框的选中项，并刷新数据，如图 2-51 所示。

图 2-51　删除数据

（6）退出程序。

单击“退出”按钮，退出整个程序，如图 2-52 所示。

图 2-52　退出程序

【提示】单击“内置块”→“控制”，选取“退出程序”代码块。

5. 连接测试

连接模拟器进行测试，具体连接方法请参考本书 2.2.7“连接测试”，或者通过“App Inventor 2.0”系统生成“APK”文件，并将“APK”文件下载到 Android 手机安装运行。连接成功页面如图 2-53 所示。现在拿着手机走几圈（也可以摇一摇手机），看看步数是不是增加了，单击“保存”按钮保存数据，如图 2-54 所示。接下来测试删除数据的功能，单击“显示框”内的记录，如图 2-55 所示，删除选中项，如图 2-56 所示。

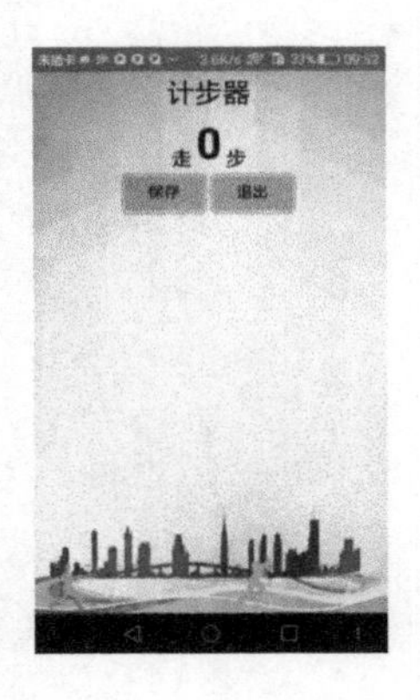

图 2-53　连接成功

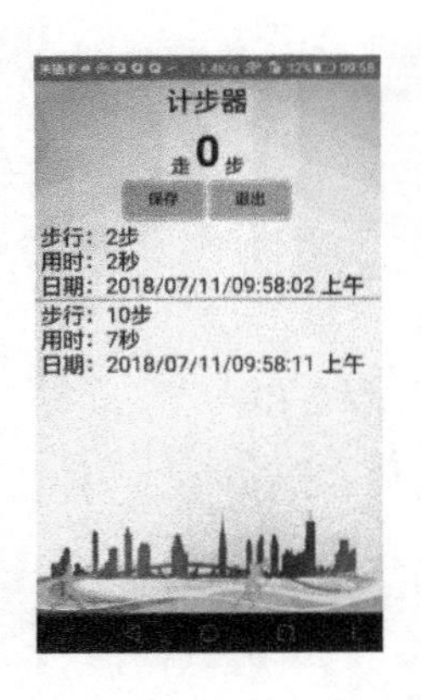

图 2-54　保存数据

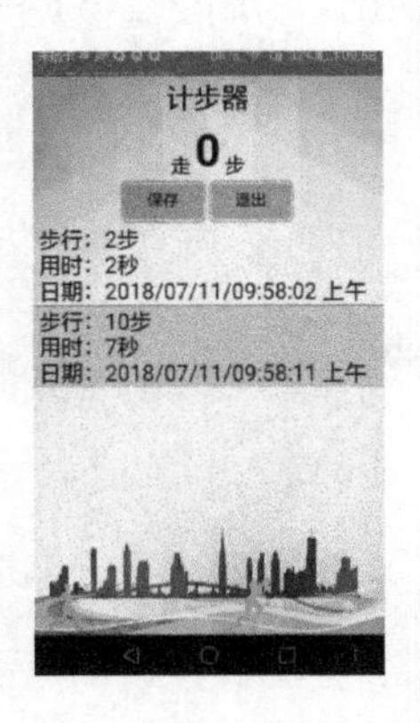

图 2-55　单击“显示框”内的记录

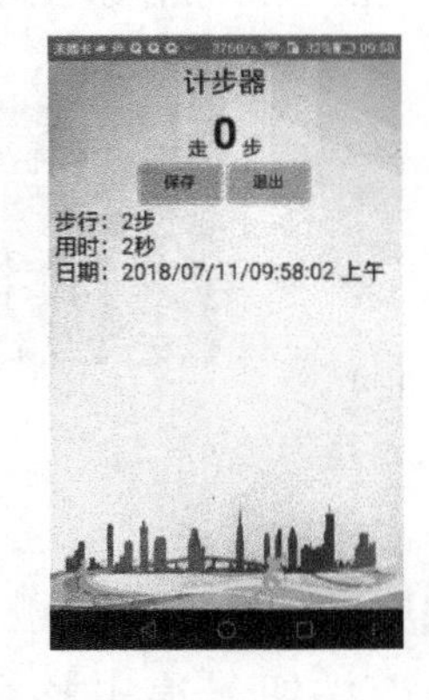

图 2-56　删除选中项

2.4.4　知识链接

“列表显示框”组件一般为要显示的列表的选项，其属性如表 2-10 所示，代码块如表 2-11 所示；“计数器”的属性如表 2-12 所示，代码块如表 2-13 所示；“变量”的代码块如表 2-14 所示。

表 2-10　“列表显示框”的属性

属 性 名	作　用
背景颜色	改变组件的背景颜色
元素字串	设置列表内容（如输入 1,2），内容间用英文逗号隔开
高度	设置组件的高度
宽度	设置组件的宽度
选中项	设置列表显示框开始的选中项
选中颜色	设置选中项的颜色
显示搜索框	设置搜索框的真假显示
文本颜色	设置列表显示文字的颜色
字号	列表显示框的文字大小
可见性	设置组件是否可见

表 2-11 “列表显示框”的代码块

代 码 块	类 型	作 用
当 列表显示框1 . 选择完成 执行	事件	当列表显示框选择完成时执行代码
设置 列表显示框1 . 背景颜色 为 ✓ 背景颜色 元素 元素字串 高度 高度百分比 选中项 选中颜色 选中项索引 显示搜索框 文本颜色 字号 可见性 宽度 宽度百分比	设属性值	可以设置列表显示框的背景颜色、元素、元素字串、高度、高度百分比、选中项、选中颜色、选中项索引、显示搜索框、文本颜色、字号、可见性、宽度、宽度百分比等属性值
列表显示框1 . 背景颜色 ✓ 背景颜色 元素 高度 选中项 选中颜色 选中项索引 显示搜索框 文本颜色 字号 可见性 宽度	取属性值	可以取背景颜色、元素、高度、选中项、选中颜色、选中项索引、显示搜索框、文本颜色、字号、可见性、宽度等属性值

表 2-12 “计时器”的属性

属 性 名	作 用
一直计时	设置计时器一直启动（或不启动）
启用计时	启动计时器
计时间隔	设置计时器的间隔

表 2-13 “计时器”的代码块

代 码 块	类 型	作 用
当 计时器1 . 计时 执行	事件	当计时器开始计时执行
调用 计时器1 . 求年份 时刻	调用	调用计时器求年份
调用 计时器1 . 求月份 时刻	调用	调用计时器求日期
调用 计时器1 . 求日期 时刻	调用	调用计时器求日期

续表

代　码　块	类　　型	作　　用
调用 计时器1 . 求小时 时刻	调用	调用计时器求小时
调用 计时器1 . 求分钟 时刻	调用	调用计时器求分钟
调用 计时器1 . 求秒数 时刻	调用	调用计时器求秒数
调用 计时器1 . 求当前时间	调用	调用计时器求当前时间
调用 计时器1 . 求系统时间	调用	调用计时器求系统时间
" MMM d, yyyy "	调用	调用计时器日期格式
调用 计时器1 . 日期时间格式 时刻 pattern " MM/dd/yyyy hh:mm:ss a "	调用	调用计时器日期时间格式

表 2-14　“变量”的代码块

代　码　块	类　　型	作　　用
初始化局部变量 变量名 为 作用范围	事件	设置局部变量，单击“积木”左上角的蓝色齿轮状“设置”按钮，可设置该“积木”的变量参数
初始化局部变量 变量名 为 作用范围	调用	取局部“我的变量”为……，它的作用范围为……

基本组件的使用

通常把手机软件称为App，在App中可以重复使用并能与其他对象进行交互的对象都可以称为组件。控件属于组件的一种，如下拉式菜单、进度条等，每个控件都可以有自己的属性和方法。通常情况下，在交互文档中不用区分控件与组件。

3.1 App Inventor 2.0 的体系结构

App Inventor 2.0 程序开发流程主要有创建新工程、界面设计、逻辑代码块开发、程序调试 4 个步骤。

App Inventor 2.0 采用云端“组件设计”视图，建立的项目都存储在云端服务器中，只需要通过Web浏览器作为界面，就可以随时随地使用计算机进行Android应用程序的开发。App Inventor 2.0 的体系结构分为组件、变量、行为和过程 4 部分，如图 3-1 所示。

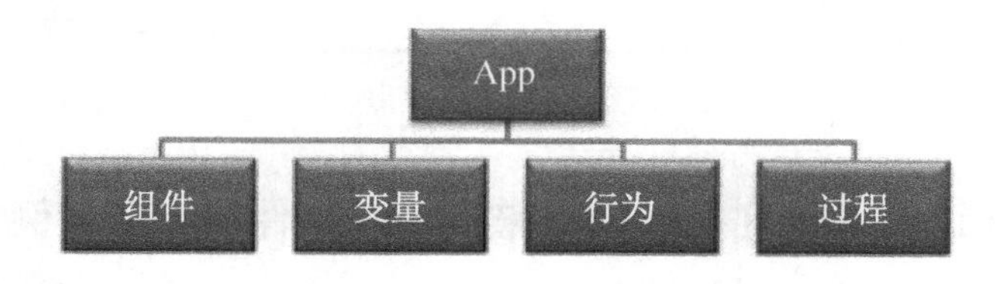

图 3-1　App Inventor 2.0 的体系结构

1. 组件

组件分为可视组件和非可视组件。

（1）可视组件：App 运行后能看到的组件，如“按钮”“文本”“标签”等。

（2）非可视组件：不出现在 App 界面中的组件，其可以提供访问设备的内建功能，如“音频播放器”组件。

组件一般都具有属性和行为，通过设置每个组件的属性值和对事件响应行为，便可组合形成独特运行效果的 App“应用”。属性是对组件运行效果特征的描述，如组件的“大小”“颜色”“位置”“速度”等。属性通常以属性值表述，组件的属性一般指该组件的属性值。

2. 变量

运行过程中值可以改变的元素叫变量，变量可以参与运算并存储运算结果；运行过程中值不会变的元素叫常量，如“1”“0”“真”“假”等。

定义变量时应遵循先声明后引用的原则，只有声明后的变量才可以通过“取”代码块调用。变量名以英文字母或下划线开头，不能以数字开头。App Inventor 2.0 中的变量类型有数字型、字符型、列表型和逻辑型 4 种。变量包括全局变量和局部变量，全局变量在整个 App 中都可以调用，局部变量只能在事件代码块中调用。

3. 行为

“行为”分为“事件”和“响应”两种。

（1）事件。

在某个时刻发生的某件特定事情。App Inventor 2.0 中的“事件”类型如表 3-1 所示。

表 3-1　事件类型

事 件 类 型	例　　子
用户发起的事件	当用户单击“按钮 1”时，做…
初始化事件	当 App 启动时，做…
计时事件	1 秒钟后，做…
动画事件	当两个小球碰撞时，做…
外部事件	当收到一条短信时，做…

（2）响应。

事件发生时，App 调用一系列执行指令来实现对事件的响应。例如，当“晃动”事件发生时，App 调用“Screen1”的背景图片为“boy.jpg”，“音频播放器 1”为“开始”。实现程序如图 3-2 所示。

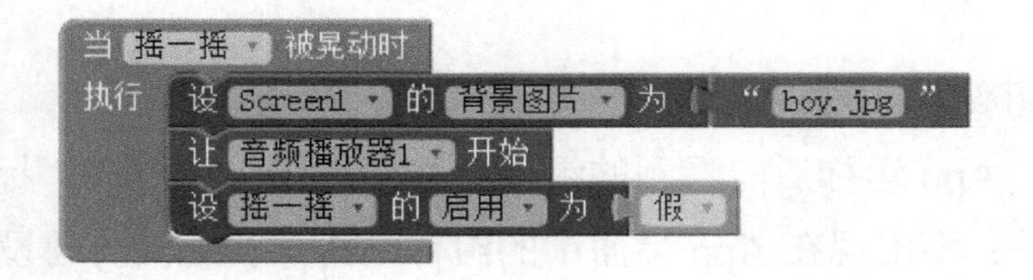

图 3-2　实现程序

4. 过程

在 App Inventor 2.0 中，过程分为内建过程和自定义过程。例如，通过调用播放器完成音乐播放等功能是 App Inventor 2.0 所带的内建过程。自定义过程是允许开发人员将实现一定功能的模块集合封装为一个整体，在开发过程中可以通过调用过程来实现代码的复用。

3.2 动物之声

3.2.1 任务分析

如图 3-3 所示，有狗、狼、猫和老虎 4 种动物，当单击某张动物图片时，会发出该动物的叫声。

图 3-3 动物之声

3.2.2 任务目标

- 会使用按钮组件。
- 会使用表格布局功能。
- 会利用音频播放器实现相关功能。
- 能按需要准备素材及导入素材。
- 会使用 AI 伴侣调试应用程序或将应用程序下载到 Android 手机进行调试。

3.2.3 任务实施

1. 新建项目

在 App Inevntor 2.0 平台中，单击界面左上角的“新建项目”按钮（或单击“项目”→“新建项目”菜单命令），在弹出的“新建项目”对话框中输入项目名称“animals”，单击“确定”按钮建立项目，如图 3-4 所示。

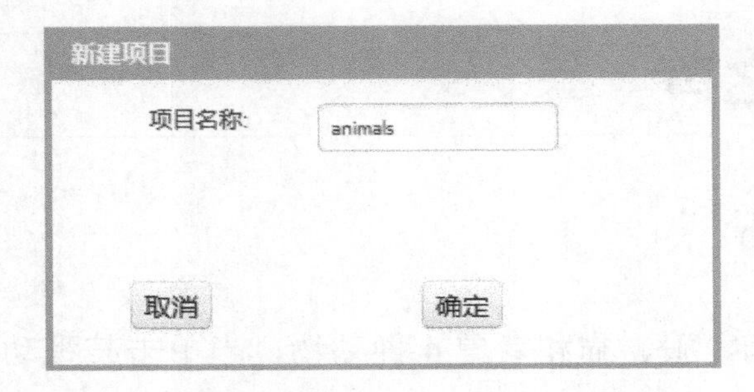

图 3-4 新建项目“animals”

2. 上传素材

（1）在 App Inventor 2.0 组件设计界面中单击“上传文件”按钮。
（2）在弹出的“上传文件”对话框中单击“选择文件”按钮。
（3）在弹出的“选择文件”对话框中选择要导入的图片和声音，如图 3-5 所示。
（4）单击“打开”按钮，完成图片和声音的导入。素材上传完成后如图 3-6 所示。

图 3-5 素材

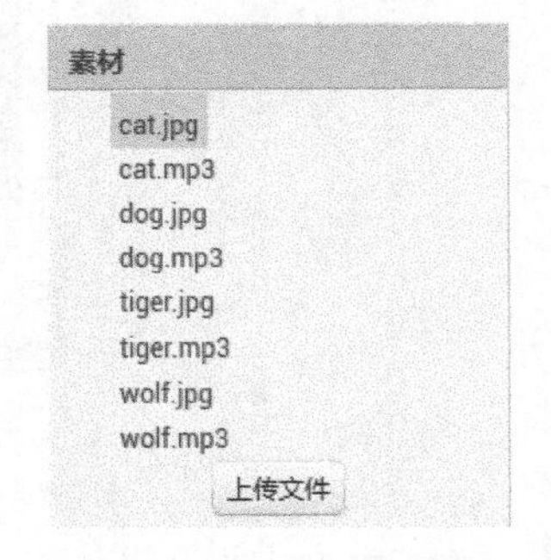

图 3-6 素材面板

3. 组件设计

本项目用到按钮、表格布局和音频播放器 3 个非可视组件。具体组件如表 3-2 所示。本项目的组件布局效果和组件列表如图 3-7 所示。

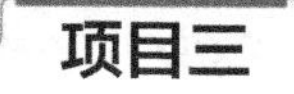

表 3-2　“动物之声”的组件

组　件	所属面板	命　名	作　用	属性名	属性值
Screen	用户界面	Screen1	显示屏幕	应用说明	动物之声
				背景颜色	白色
				水平对齐	居中
				垂直对齐	居中
				背景图片	无
				标题	动物之声
表格布局	界面布局	表格布局 1	创建 2 行 2 列	列数	2
				宽度	90%
				高度	90%
				行数	2
按钮	用户界面	按钮狗	单击	高度	45%
				宽度	45%
				图片	dog.jpg
				显示文本	
		按钮虎	单击	高度	45%
				宽度	45%
				图片	tiger.jpg
				显示文本	
		按钮猫	单击	高度	45%
				宽度	45%
				图片	cat.jpg
				显示文本	
		按钮狼	单击	高度	45%
				宽度	45%
				图片	wolf.jpg
				显示文本	
音频播放器	多媒体	音频播放器 1	播放音频	循环播放	假
				只能在前台运行	假
				源文件	无
				音量	50

图 3-7　组件布局效果和组件列表

4. 逻辑设计

单击“逻辑设计”按钮，切换到逻辑设计界面。

（1）设计动物“狗”的声音。

单击“内置块”→“Screen1”代码块，在弹出的下拉列表中单击“按钮狗”代码块，打开其代码块抽屉，找到并拖出“当按钮狗被点击执行”代码块至工作面板。

单击“音频播放器 1”组件，找到“设置音频播放器 1 源文件为”代码块并拖动拼接到“当按钮狗被点击执行”代码块后。

单击“内置块”→“文本”代码块，并拖出空字符串文本代码块，并将其值设置为“dog.mp3”，再拖动拼接到“设置音频播放器 1 源文件为”代码块右侧。

打开“音频播放器 1”代码块抽屉，选择“调用音频播放器 1 开始”代码块并拖动拼接到“设置音频播放器 1 源文件为”代码块下方。

动物“狗”的声音逻辑设计完成效果如图 3-8 所示。

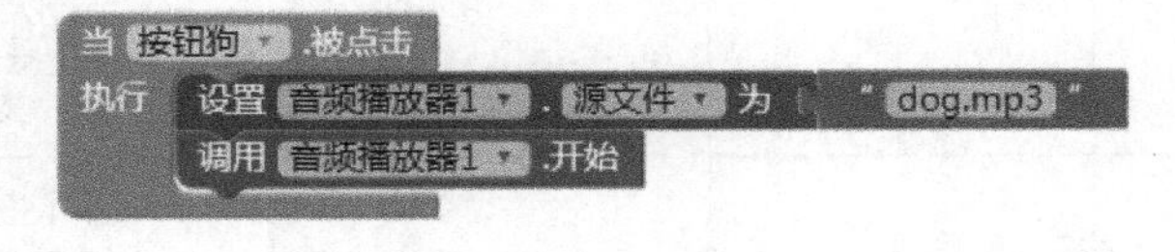

图 3-8　动物“狗”的声音逻辑设计完成效果

（2）设计动物“狼”的声音。

单击“内置块”→“Screen1”代码块，在弹出的下拉列表中单击“按钮狼”代码块，

打开其代码块抽屉，找到并拖出“当按钮狼被点击执行”代码块至工作面板。

单击“音频播放器 1”组件，找到“设置音频播放器 1 源文件为”代码块并拖动拼接到“当按钮狼被点击执行”代码块后。

单击“内置块”→“文本”代码块，并拖出空字符串文本代码块，并将其值设置为“wolf.mp3”，再拖动拼接到“设置音频播放器 1 源文件为”代码块右侧。

打开“音频播放器 1”代码块抽屉，选择“调用音频播放器 1 开始”代码块并拖动拼接到“设置音频播放器 1 源文件为”代码块下方。

动物“狼”的声音逻辑设计完成效果如图 3-9 所示。

图 3-9　动物“狼”的声音逻辑设计完成效果

（3）设计动物“猫”的声音。

单击“内置块”→“Screen1”代码块，在弹出的下拉列表中单击“按钮猫”代码块，打开其代码块抽屉，找到并拖出“当按钮猫被点击执行”代码块至工作面板。

单击“音频播放器 1”组件，找到“设置音频播放器 1 源文件为”代码块并拖动拼接到“当按钮猫被点击执行”代码块后。

单击“内置块”→“文本”代码块，并拖出空字符串文本代码块，并将其值设置为“cat.mp3”，再拖动拼接到“设置音频播放器 1 源文件为”代码块右侧。

打开“音频播放器 1”代码块抽屉，选择“调用音频播放器 1 开始”代码块并拖动拼接到“设置音频播放器 1 源文件为”代码块下方。

动物“猫”的声音逻辑设计完成效果如图 3-10 所示。

图 3-10　动物“猫”的声音逻辑设计完成效果

（4）设计动物“虎”的声音。

单击“内置块”→“Screen1”代码块，在弹出的下拉列表中单击“按钮虎”代码块，打开其代码块抽屉，找到并拖出“当按钮虎被点击执行”代码块至工作面板。

单击“音频播放器 1”组件，找到“设置音频播放器 1 源文件为”代码块并拖动拼接到“当按钮虎被点击执行”代码块后。

单击“内置块”→“文本”代码块，并拖出空字符串文本代码块，并将其值设置为

“tiger.mp3”，再拖动拼接到“设置音频播放器 1 源文件为”代码块右侧。

打开“音频播放器 1”代码块抽屉，选择“调用音频播放器 1 开始”代码块并拖动拼接到“设置音频播放器 1 源文件为”代码块下方。

动物“虎”的声音逻辑设计完成效果如图 3-11 所示。

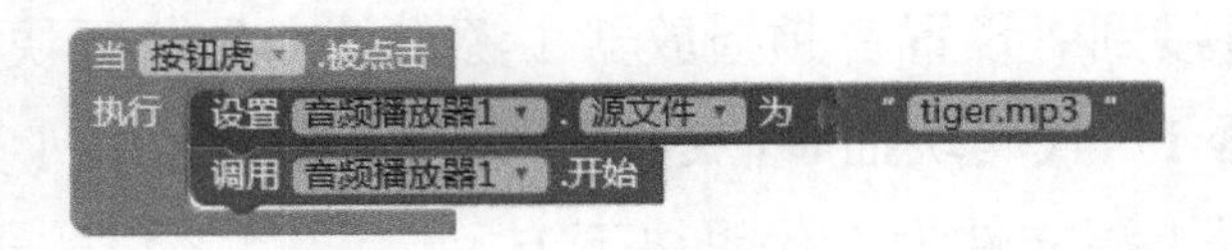

图 3-11　动物“虎”的声音逻辑设计完成效果

至此，程序设计编写完成。

5. 连接测试

3.2.4 活动扩展

既然可以通过单击图片使动物发出声音，是不是可以通过摇动手机发出不同动物的声音呢？请试着完成相关逻辑设计。

3.2.5 知识链接

1. 布局控件

App Inventor 2.0 提供了水平布局、垂直布局、表格布局 3 种布局方式。布局控件唯一的作用是安排其他可视控件在界面上的构图。将布局控件添加进窗口后，将按此布局安置的控件直接拖动至布局控件，即可完成布局。不管添加多少控件，只要在水平布局控件框内，这些控件就会呈现水平分布。垂直布局控件可以使所有拖入其中的控件呈现垂直分布，如图 3-12 所示。

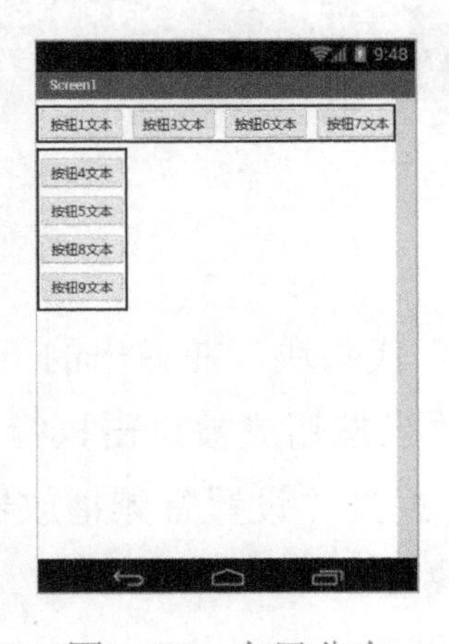

图 3-12　布局分布

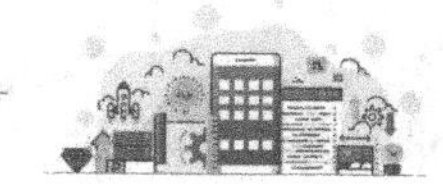

2. 表格布局控件

表格布局方式和前两种布局方式的主要不同在于它可以通过预先设定表格的行列数来设计特定的布局方式。

3. 组件介绍

（1）“表格”的属性如表3-3所示。

表3-3 “表格”的属性

属性名	作用
水平对齐	设置水平布局中的组件水平对齐方式为居左、居右、居中
垂直对齐	设置水平布局中的组件垂直对齐方式为居上、居下、居中
高度	设置水平布局组件的高度，可以设置为自动、充满、自定义像素或比例
宽度	设置水平布局组件的宽度，可以设置为自动、充满、自定义像素或比例
允许显示	若选中单选框，则显示水平布局组件，否则隐藏

（2）“按钮”的属性如表3-4所示。

表3-4 “按钮”的属性

属性名	作用
背景颜色	设置按钮的背景颜色
启用	若选中此选项，则按钮可用，否则按钮呈现灰色，不可用
粗体	设置按钮文本为粗体
斜体	设置按钮文本为斜体
字号	设置按钮文本的字号大小
字体	设置按钮文本的字体
高度	设置按钮的高度，可以设置为自动、充满、自定义像素或比例
宽度	设置按钮的宽度，可以设置为自动、充满、自定义像素或比例
图片	设置按钮的背景图像
形状	设置按钮的形状，有默认、方形、圆形、椭圆4种
显示交互效果	设置按钮显示交互效果
显示文本	按钮显示的文本
文本对齐	设置按钮文本的对齐方式，包括居左、居右、居中
文本颜色	设置按钮文本的颜色
允许显示	若选中单选框，则显示按钮，否则隐藏

（3）“按钮”组件的代码块如表3-5所示。

表 3-5　“按钮”的代码块

代码块	类　型	作　用
当 按钮1 . 被点击 执行	事件	按钮被点击后执行的事件处理程序
当 按钮1 . 获得焦点 执行	事件	按钮获得焦点后执行的事件处理程序
当 按钮1 . 被慢点击 执行	事件	按钮被慢点击后执行的事件处理程序
当 按钮1 . 失去焦点 执行	事件	按钮失去焦点后执行的事件处理程序
当 按钮1 . 被按压 执行	事件	按钮被按压后执行的事件处理程序
当 按钮1 . 被松开 执行	事件	按钮被松开后执行的事件处理程序
按钮1 . 背景颜色 ✔ 背景颜色 启用 粗体 斜体 字号 高度 图像 显示交互效果 文本 文本颜色 显示状态 宽度	取属性值	可以取按钮 1 的背景颜色、启用、粗体、斜体、字号、高度、图像、显示交互效果、文本、文本颜色、显示状态和宽度等属性值
按钮1	取对象	取按钮 1 作为对象值
设 按钮1 . 背景颜色 为 ✔ 背景颜色 启用 粗体 斜体 字号 高度 图像 显示交互效果 文本 文本颜色 显示状态 宽度	设属性值	可以设置按钮 1 的背景颜色、启用、粗体、斜体、字号、高度、图像、显示交互效果、文本、文本颜色、显示状态和宽度等属性值

3.3 BMI 指数

3.3.1　任务分析

BMI（Body Mass Index）指数即身体质量指数，简称“体质指数”，又称“体重指数”，是用“体重千克数除以身高米数平方”得出的数值，它是目前国际上常用的衡量人体胖瘦程度及身体是否健康的标准。

BMI 指数中国参考标准如表 3-6 所示。

表 3-6　BMI 指数中国参考标准

成年人身体质量指数			
轻体重 BMI	健康体重 BMI	超重 BMI	肥胖 BMI
BMI<18.5	18.5≤BMI<24	24≤BMI<28	28≤BMI

例如，一个人的身高为 1.75 米，体重为 68 千克，他的 BMI 指数=68/（1.75）^{2}=22.2。此人的 BMI 指数在 18.5～23.9 之间，健康。

我们准备设计的应用程序效果如下：

当拖动身高滑动条时，对应的人体图标会变高或变矮；当拖动体重滑动条时，对应的人体图标会变胖或变瘦。在停止拖动滑动条后，单击“计算 BMI”按钮，会显示健康评价，如图 3-13 所示。

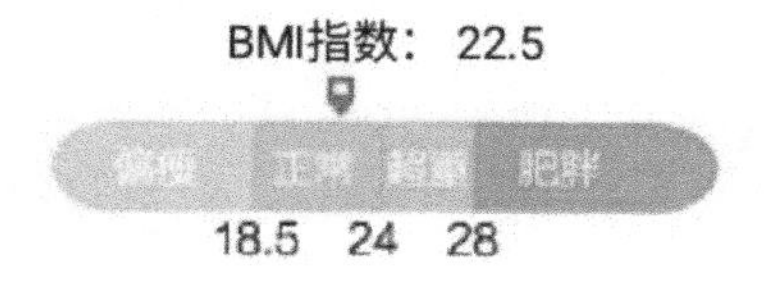

图 3-13　健康评价

3.3.2　任务目标

- 会使用标签、按钮组件。
- 会使用垂直布局、水平布局功能。
- 会使用滑动条组件的相关功能。
- 会使用图像框组件的相关功能。
- 能使用多屏幕实现效果。
- 能按需要准备素材及导入素材。
- 会使用 AI 伴侣调试应用程序或将应用程序下载到 Android 手机进行调试。

3.3.3　任务实施

1. 新建项目

在 App Inevntor 2.0 平台中，单击界面左上角的“新建项目”按钮（或单击“项目”→“新建项目”菜单命令），在弹出的“新建项目”对话框中输入项目名称“BMI”，单击“确定”按钮建立项目，如图 3-14 所示。

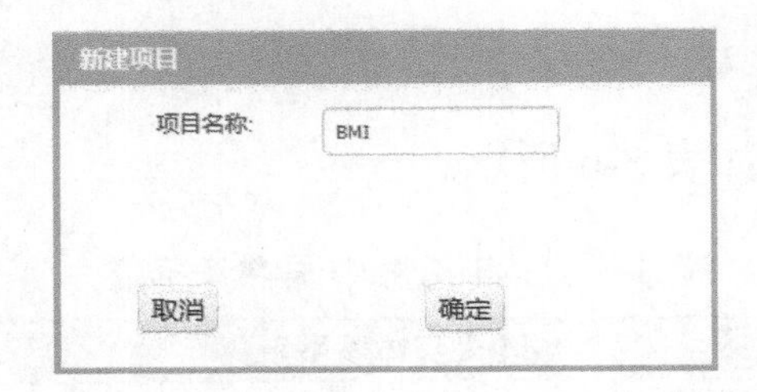

图 3-14　新建项目“BMI”

2. 上传素材

（1）在 App Inventor 2.0 组件设计组件中单击“上传文件”按钮。

（2）在弹出的“上传文件”对话框中单击“选择文件”按钮。

（3）在弹出的“选择文件”对话框中选择如图 3-15 所示的素材。

单击“打开”按钮，完成素材上传。素材上传完成后如图 3-16 所示。

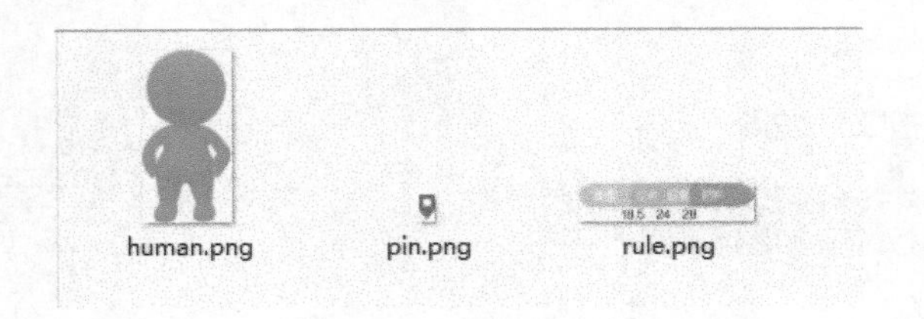

图 3-15　素材

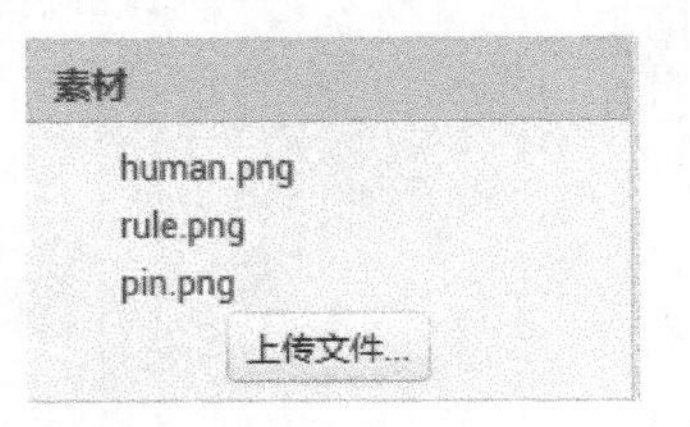

图 3-16　素材面板

3. 组件设计

本应用程序需要使用多屏幕展示效果，因此该项目除用到多屏幕、滑动条、图像等主要组件外，还用到水平布局、垂直布局、按钮、标签等组件。屏幕 1 的组件如表 3-7 所示，组件布局效果如图 3-17 所示，组件列表如图 3-18 所示。

表 3-7　屏幕 1 的组件

组　件	所属面板	命　名	作　用	属性名	属性值
Screen	用户界面	Screen1	显示屏幕	水平对齐	居中：3
				垂直对齐	居上：1
				应用说明	身体质量指数
				标题	身体质量指数计算
水平布局	界面布局	水平布局 1	水平排列	宽度	自动
				高度	250 像素
	界面布局	水平布局 2	水平排列	宽度	自动
				高度	250 像素
标签	用户界面	标签 1	身高	文本	身高
	用户界面	标签身高	初设身高	文本	1.7
				宽度	40 像素

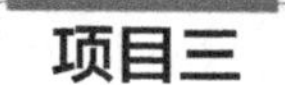

续表

组　件	所属面板	命　名	作　用	属性名	属性值
标签	用户界面	标签 3	显示身高	文本	米
				宽度	30 像素
	用户界面	标签 4	体重	文本	体重
	用户界面	标签体重	初设体重	文本	65
				宽度	40 像素
	用户界面	标签 6	显示体重	文本	千克
				宽度	30 像素
滑动条	用户界面	滑动条 1	控制身高	宽度	充满
				最大值	2.3
				最小值	1.4
				滑块位置	1.7
	用户界面	滑动条 2	控制体重	宽度	充满
				最大值	120
				最小值	40
				滑块位置	65
按钮	用户界面	按钮 1	点击测量	文本	计算 BMI
垂直布局	界面布局	垂直布局 1	垂直排列	高度	充满
				宽度	充满
图像	用户界面	图像 1	显示图片	高度	自动
				宽度	自动
				图片	human.png

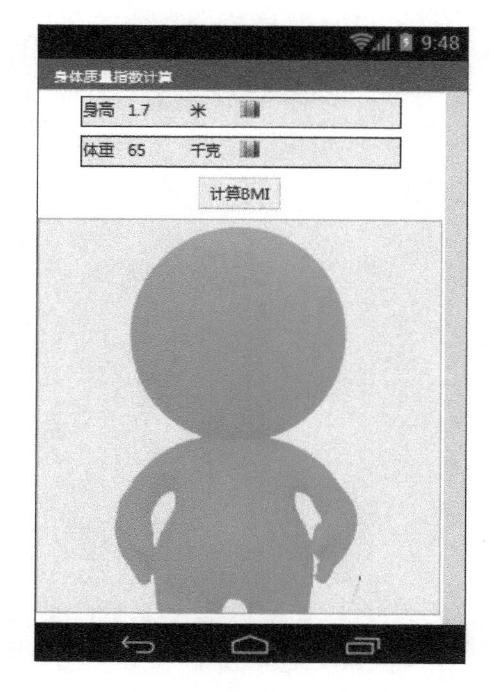

图 3-17　组件布局效果

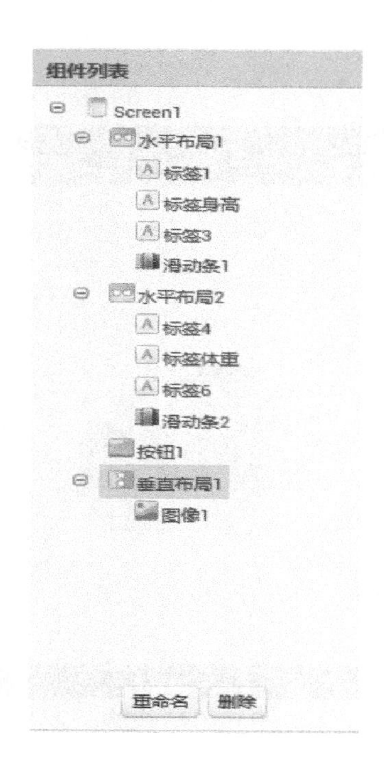

图 3-18　组件列表

单击屏幕栏中的“增加屏幕”按钮，在弹出的“新建屏幕”对话框中修改屏幕名称，将屏幕 2 命名为“Screen2”，单击“确定”按钮。屏幕 2 的组件如表 3-8 所示，组件布局效果如图 3-19 所示，组件列表如图 3-20 所示。

表 3-8 屏幕 2 的组件

组　件	所属面板	命　名	作　用	属性名	属性值
Screen	用户界面	Screen2	显示屏幕	标题	健康评价
水平布局	界面布局	水平布局 1	水平排列	宽度	自动
				高度	自动
标签	用户界面	标签 1	指数	文本	BMI 指数
	用户界面	标签 BMI	显示指数	文本	24
				高度	自动
				宽度	自动
垂直布局	界面布局	垂直布局 1	垂直排列	高度	充满
				宽度	充满
水平布局	界面布局	水平布局钉子	水平排列	宽度	自动
				高度	100 像素
图像	用户界面	图像钉子	显示钉子位置	高度	自动
				宽度	自动
				图片	pin.png
	用户界面	图像 1	显示图片	高度	自动
				宽度	自动
				图片	rule.png

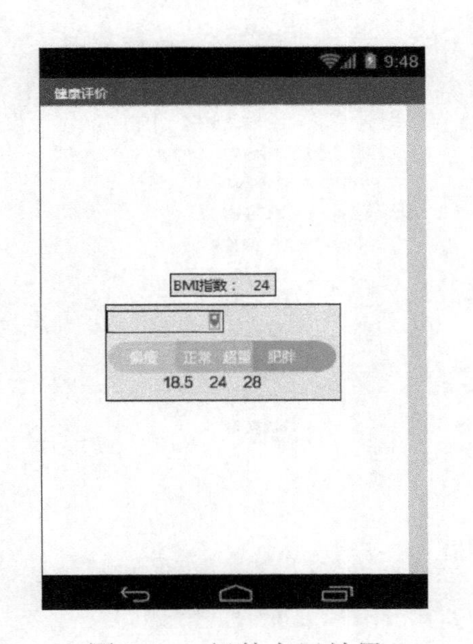

图 3-19 组件布局效果

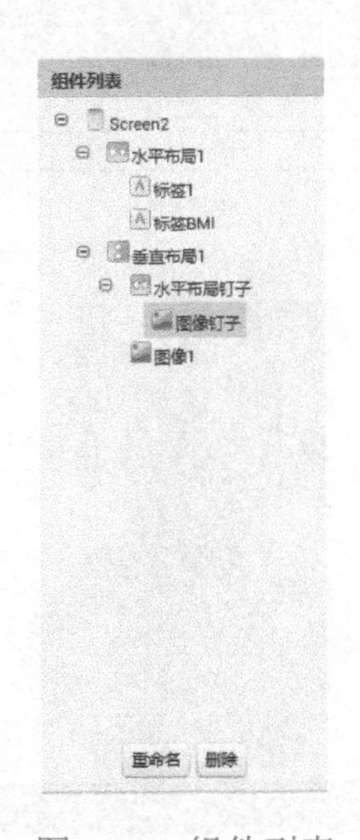

图 3-20 组件列表

4. 逻辑设计

单击“逻辑设计”按钮，切换到逻辑设计界面。

（1）“Screen1”逻辑设计。

① 设置通过拖动滑块的位置改变身高。具体逻辑设计如图 3-21 所示。

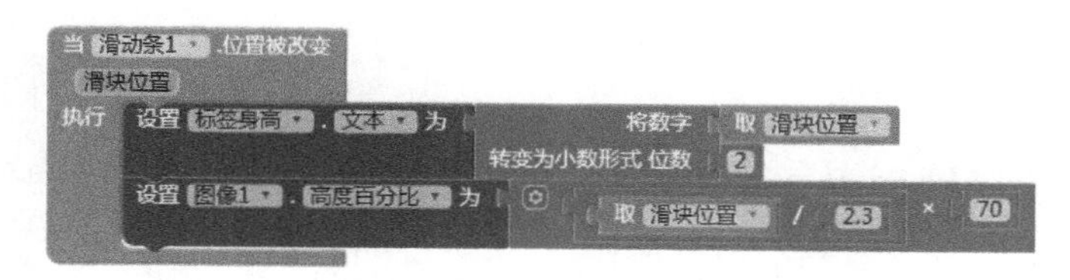

图 3-21 身高变化逻辑设计

② 设置通过拖动滑块的位置改变体重。具体逻辑设计如图 3-22 所示。

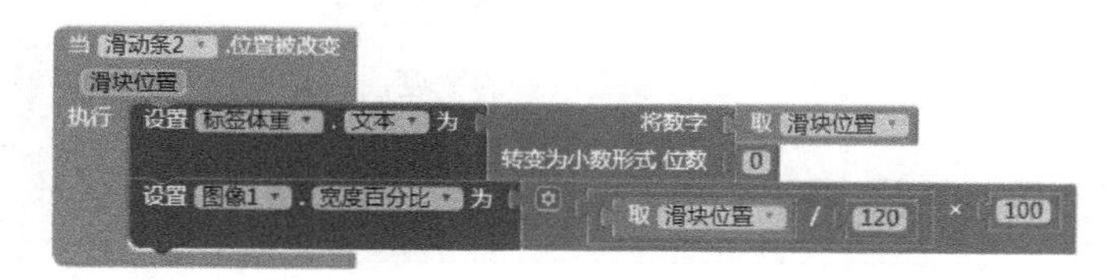

图 3-22 体重变化逻辑设计

③ 当点击“按钮 1”时，跳转到“Screen2”。具体逻辑设计如图 3-23 所示。

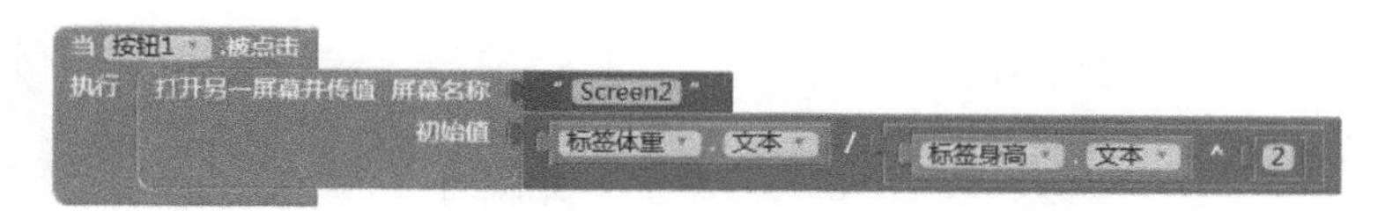

图 3-23 屏幕跳转逻辑设计

（2）“Screen2”逻辑设计。

选择“Screen2”组件，在逻辑编辑界面进行逻辑设计

① 设置图像“钉子”在图片上显示健康的位置。具体逻辑设计如图 3-24 所示。

图 3-24 图像“钉子”逻辑设计

② 设置“Screen 2”关闭。具体逻辑设计如图 3-25 所示。

图 3-25 关闭屏幕逻辑设计

5. 连接测试

3.3.4 活动扩展

显示了身体健康评价后，能不能通过语音播报出来？请试着完成相关逻辑设计。

3.3.5 知识链接

（1）“滑动条”的属性如表 3-9 所示。

表 3-9 “滑动条”的属性

属 性 名	作 用
左侧颜色	滑块已滑动的范围
右侧颜色	滑块可以滑动的范围
宽度	设置滑块的宽度，可设置自动、充满、自定义像素或比例
最大值	设置最大值
最小值	设置最小值
接受滑动	允许滑动
滑块位置	滑块位置
可见性	滑块是否可见

（2）“标签”的属性如表 3-10 所示。

表 3-10 “标签”的属性

属 性 名	作 用
背景颜色	设置标签的背景颜色，可以是透明、黑、蓝、青、默认、深灰等
粗体	选中此项，则标签文本用粗体
斜体	选中此项，则标签文本用斜体
字号	设置标签文本的字号大小
字体	设置标签文本的字体
HTML 格式	设置为 HTML 格式
具有外边距	设置外边距
高度	设置标签的高度，可以是自动、充满、像素或按比例
宽度	设置标签的宽度，可以是自动、充满、像素或按比例
文本	设置标签默认显示的文本内容
文本对齐	设置标签文本的对齐方式，可以为居左：0、居中：1、居右：2
文本颜色	设置标签的颜色，可以是透明、黑、蓝、青、默认、深灰等
可见性	标签是否可见

（3）“滑动条”的代码块如表 3-11 所示。

表 3-11 “滑动条”的代码块

代码块	类型	作用
当 滑动条1 .位置被改变 滑块位置 执行	事件	滑块位置改变触发事件
滑动条1 . 左侧颜色 ✓左侧颜色 右侧颜色 最大值 最小值 接受滑动 滑块位置 可见性 宽度	取属性值	可以取滑块左侧颜色、右侧颜色、最大值、最小值、接受滑动、滑块位置、可见性、宽度等属性值
设置 滑动条1 . 左侧颜色 为 ✓左侧颜色 右侧颜色 高度百分比 最大值 最小值 接受滑动 滑块位置 可见性 宽度 宽度百分比	取属性值	可以取滑块左侧颜色、右侧颜色、高度百分比、最大值、最小值、接受滑动、滑块位置、可见性、宽度、宽度百分比等属性值
滑动条1	取对象	滑块值

（4）“标签”的代码块如表 3-12 所示。

表 3-12 “标签”的代码块

代码块	类型	作用
标签1 . 背景颜色 ✓背景颜色 字号 高度 文本 文本颜色 显示状态 宽度	取属性值	可以取标签 1 的背景颜色、字号、高度、文本、文本颜色、显示状态和宽度等属性值
设 标签1 . 背景颜色 为 ✓背景颜色 字号 高度 文本 文本颜色 显示状态 宽度	设属性值	可以设置标签 1 的背景颜色、字号、高度、文本、文本颜色、显示状态和宽度等属性值
标签1	取对象	取标签 1 作为对象值

3.4 音乐控制

3.4.1 任务分析

开发一个“音乐控制”应用程序，当单击按钮时，若音频在播放状态，图标则显示为暂停，否则显示音频在播放。当音频播放完后，图标显示重播。音乐控制界面如图 3-26 所示。

图 3-26 音乐控制界面

3.4.2 任务目标

- 会使用按钮组件功能。
- 会利用加速度传感器实现相关功能。
- 会用“如果…则…否则”语句实现流程控制。
- 能按需要准备素材及导入素材。
- 会使用 AI 伴侣调试应用程序或将应用程序下载到 Android 手机进行调试。。

3.4.3 任务实施

1. 新建项目

在 App Inevntor 2.0 平台中，单击界面左上角的“新建项目”按钮（或单击“项目”→“新建项目”菜单命令），在弹出的“新建项目”对话框中输入项目名称“music”，单击“确定”按钮建立项目，如图 3-27 所示。

图 3-27　新建项目“music”

2. 上传素材

本项目用到的素材包括 3 张图片和 1 首歌曲，如图 3-28 所示。

图 3-28　素材

（1）在 App Inventor 2.0 组件设计界面中单击“上传文件”按钮。

（2）在弹出的“上传文件”对话框中单击“选择文件”按钮。

（3）在弹出的“选择文件”对话框中选择要导入的图片，单击“打开”按钮，完成图片导入。素材上传完成后如图 3-29 所示。

图 3-29　素材面板

3. 组件设计

本项目只用到按钮组件和一个非可视组件“音频播放器”。按钮用以实现对音频“播放”　“暂停”和“重播”的控制。“音乐控制”的组件如表 3-13 所示。

表 3-13　“音乐控制”的组件

组　件	所属面板	命　名	作　用	属性名	属性值
Screen	用户界面	Screen1	显示屏幕	应用说明	音乐播放
				标题	音乐播放控制
按钮	用户界面	按钮 1	播放、暂停、重播音乐	宽度	自动
				高度	自动
				图像	Play.png
				文本	
音频播放器	多媒体	音频播放器 1	播放音乐	循环播放	假
				源文件	music.mp3
				音量	50

完成后，本项目的组件布局效果如图 3-30 所示，组件列表如图 3-31 所示。

图 3-30　组件布局效果

图 3-31　组件列表

4. 逻辑设计

单击“逻辑设计”按钮，切换到逻辑设计界面。

（1）设置音频播放器通过单击“播放”按钮开始播放或暂停播放。具体逻辑设计如图 3-32 所示。

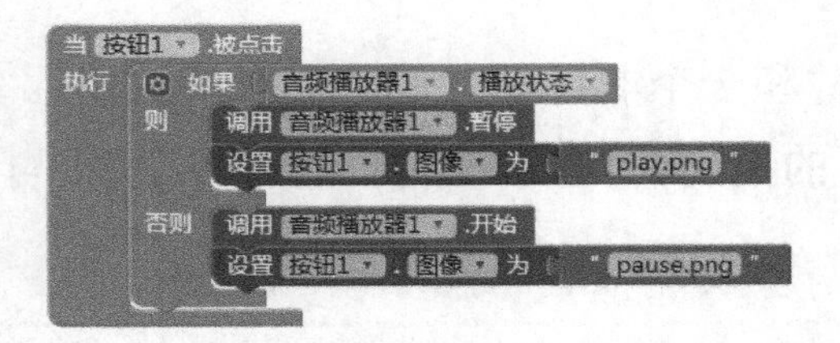

图 3-32　播放逻辑设计

（2）设置重播状态。具体逻辑设计如图 3-33 所示。

图 3-33　重播逻辑设计

5. 连接测试

3.4.4 活动扩展

制作一个可以加入多首歌曲的音乐播放器，可以通过单击“下一首”按钮跳转到下一首歌，单击“上一首”按钮跳转到上一首歌，并可以通过拖动“滑动条”控制音量的大小，请试着完成相关逻辑设计。

3.4.5 知识链接

所有编程语言都有条件控制语句，App Inventor 2.0 也不例外，App Inventor 2.0 的条件控制语句包括“如果…则…”“如果…则…否则”“当满足条件……执行”等，当使用“如果…则…否则”语句时，表示当满足“如果”条件时，执行“则”中的语句，否则执行“否则”中的语句，如图 3-34 所示。

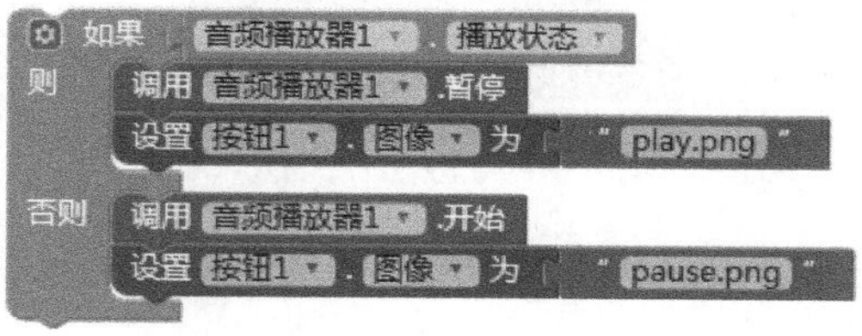

图 3-34 条件控制语句

上述示例为“双向条件”控制语句代码块，可先在“单向条件”控制语句代码块（如图 3-44（a）所示）中单击扩充项目图标，选择“否则…如果…”或“否则…”代码块并叠加，叠加后可形成“双向条件”控制代码块的 3 种基本结构，如图 3-35 所示。

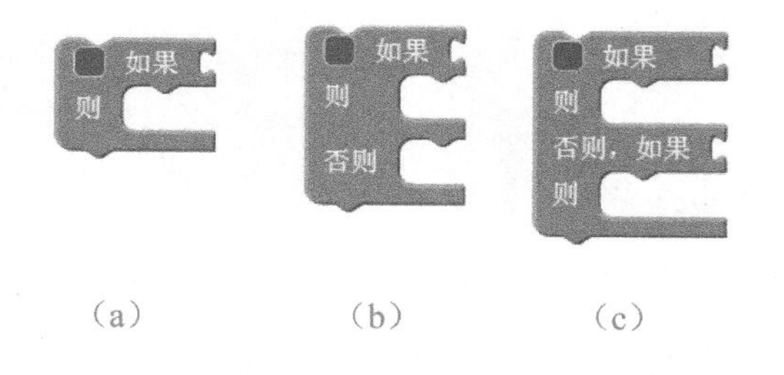

图 3-35 条件控制的 3 种基本结构

通过以上 3 种基本结构的“双向条件”控制代码块可以实现不同的条件控制，从而产生不同的应用效果。

3.5 听和说

3.5.1 任务分析

开发一个“听和说”应用程序，在该应用程序的文本输入框中输入姓名，下拉框中选择性别，如图 3-36 所示。

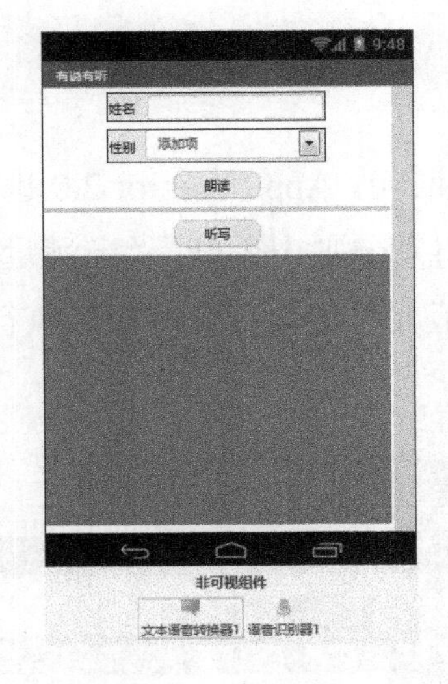

图 3-36　听和说界面

单击“朗读”按钮，该应用程序会自动进行语音播报。如果是男性，则自动播报文本框中的姓名，并继续语音播报“我是帅哥”；若是女性，则在播报姓名后会语音播报“我是美女”。若在单击“朗读”按钮前单击“听写”按钮，则在完成语音播报后，由该应用程序将播报的语音内容识别为文字，并将文字在屏幕下方显示出来。

3.5.2　任务目标

- 会使用按钮、标签组件功能。
- 会利用文本输入框组件实现相关功能。
- 会利用下拉框组件实现相关功能。
- 能使用文字语音转换器实现语音与文字的转换。
- 能通过语音识别器识别语音输出文本。
- 会使用 AI 伴侣调试应用程序或将应用程序下载到 Android 手机进行调试。

3.5.3　任务实施

1. 新建项目

在 App Inevntor 2.0 平台中，单击界面左上角的“新建项目”按钮（或单击“项目”→“新建项目”菜单命令），在弹出的“新建项目”对话框中输入项目名称“chat”，单击“确定”按钮建立项目，如图 3-37 所示。

图 3-37　新建项目“chat”

2. 组件设计

本项目除用到按钮、标签、水平布局、文本输入框和下拉框5个组件外，还需用到文本语音转换器和语音识别器2个非可视组件。具体组件3-14所示。

表3-14 "听和说"的组件

组 件	所属面板	命 名	作 用	属性名	属性值
Screen	用户界面	Screen1	显示屏幕	水平对齐	居中：3
				垂直对齐	居上：1
				标题	有听有说
水平布局	界面布局	水平布局1	水平排列	宽度	200像素
				高度	自动
	界面布局	水平布局2	水平排列	宽度	200像素
				高度	自动
标签	用户界面	姓名	显示文字	高度	自动
				宽度	自动
				文本	姓名
	用户界面	性别	显示文字	高度	自动
				宽度	自动
				文本	性别
	用户界面	标签3	分隔听和说空间	高度	2像素
				宽度	充满
	用户界面	听写内容显示框	显示文字	高度	自动
				宽度	充满
文本输入框	用户界面	文本输入框	输入文本	高度	自动
				宽度	自动
				提示	请输入你的姓名
下拉框	用户界面	下拉框1	选择性别	元素	男，女
				宽度	充满
按钮	用户界面	朗读	点击输出语音	高度	充满
				宽度	80像素
				文本	朗读
	用户界面	听写	点击输出文字	高度	充满
				宽度	80像素
				文本	听写
文本语音转换器	多媒体	文本语音转换器1	文本转换语音	音调	1.0
				语速	1.0
语音识别器	多媒体	语音识别器	语音识别	—	—

完成后，本项目的组件布局效果如图 3-38 所示，组件列表如图 3-39 所示。

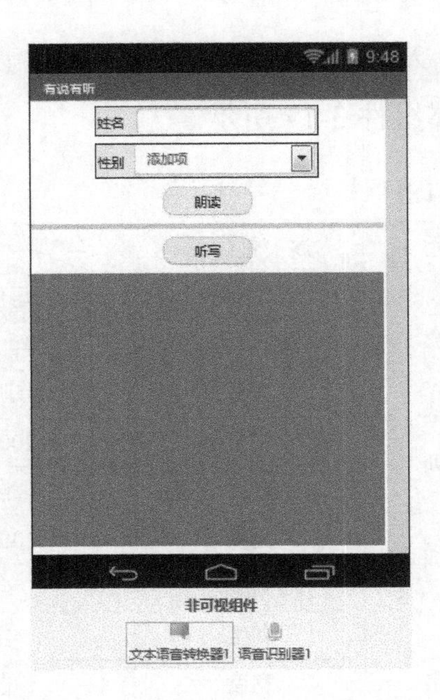

图 3-38　组件布局效果

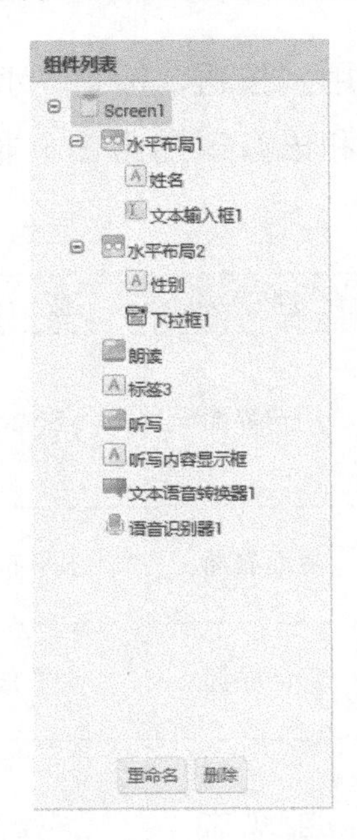

图 3-39　组件列表

3. 逻辑设计

单击“逻辑设计”按钮，切换到逻辑设计界面。

（1）将文本转换为语音。

当“朗读”按钮被点击时，语音播报我的名字，并通过条件控制语句实现语音播报“我是帅哥”或“我是美女”。具体逻辑设计如图 3-40 所示。

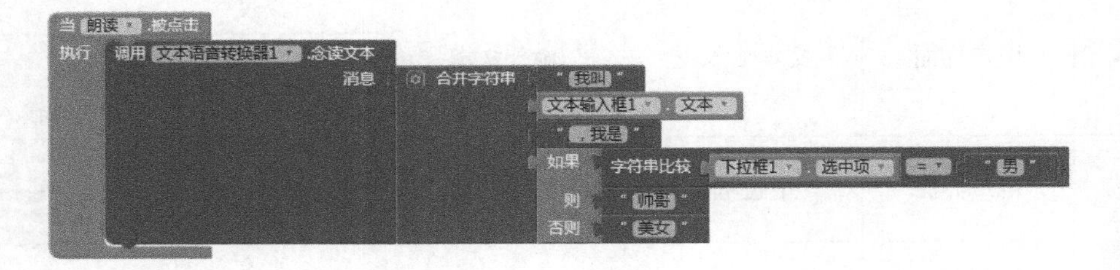

图 3-40　“文本”转换为“语音”逻辑设计

（2）将语音转换为文本。

① 当“听写”按钮被点击时，调用“语音识别器 1”组件。具体逻辑设计如图 3-41 所示。

② 当“语音识别器 1”完成语音识别后，将播报内容识别为文字并在“标签”组件中显示出来。具体逻辑设计如图 3-42 所示。

图 3-41 “听写”逻辑设计

图 3-42 语音识别逻辑设计

4. 连接测试

3.5.4 活动扩展

设计一个输入英文就能播放读音的应用程序。实现在文本框中输入英文单词或句子，当单击“播放”按钮或摇动手机时，手机就会语音播放输入的单词或句子。请试着完成相关逻辑设计。

3.5.5 知识链接

1. 语音识别应用程序的安装步骤

尽管“Speech Recognizer”的组件名称为“语音识别”，但是它本身并没有语音识别功能，需要通过调用其他程序来实现语音识别功能，如果没有安装其他语音识别程序，在运行该组件时就会报错。Android 系统的语音识别程序有“Google 语音搜索”和“百度语音助手”，这两个程序都需要连网使用，它们都可以识别中文。本项目建议使用 “百度语音助手”。选取系统默认的语音识别程序可以在 Android 手机的“系统设置”→“语言和输入法”→“语音输入与输出”→“文字转语音（TTS）输出” →“语音识别程序”→“选择语音”中选择，如图 3-43 所示。

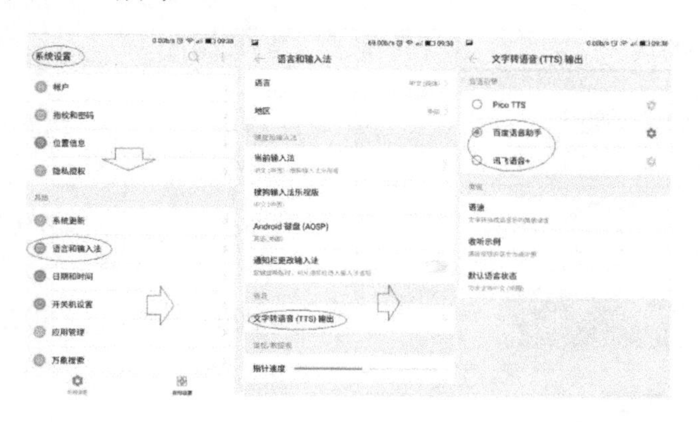

图 3-43 语音识别应用程序的安装步骤

2. 组件介绍

（1）“文本语音转换器”的属性如表 3-15 所示。

表 3-15 “文本语音转换器”的属性

属 性 名	作 用
国家	指定文本语音转换器采用哪个国家的语言
语言	指定文本语音转换器采用哪种语言
音调	文本语音转换器朗诵的语调
语速	文本语音转换器朗诵的语速

（2）“文本输入框”的属性如表 3-16 所示。

表 3-16“文本输入框”的属性

属 性 名	作 用
提示	在文本框中提示用户输入相关内容
允许多行	文本框允许多行显示
仅限数字	只能输入数字
可见性	文本框是否可见

（3）“下拉框”的属性如表 3-17 所示。

表 3-17 “下拉框”的属性

属 性 名	作 用
元素字串	提供下拉框选择的元素
宽度	设置下拉框的宽度
提示	提示用户选择的内容
选中项	在选项中默认选中的内容
可见性	下拉框是否可见

（4）“文本语音转换器”的代码块如表 3-18 所示。

表 3-18 “文本语音转换器”的代码块

代 码 块	类 型	作 用
当 文本语音转换器1 .念读结束 返回结果 执行	事件	文本转语音后事件
当 文本语音转换器1 .准备念读 执行	事件	文本转语音前事件
调用 文本语音转换器1 .念读文本 消息	调用	将指定文本转为语音
文本语音转换器1 . 国家 ✓国家 语言 音调 Result 语速	取属性值	设置文本转语音国家、文本转语音语种、设置 TTS 朗读音高、文本转语音结果及文本转语音朗读的速度

续表

积　木	类　型	作　用
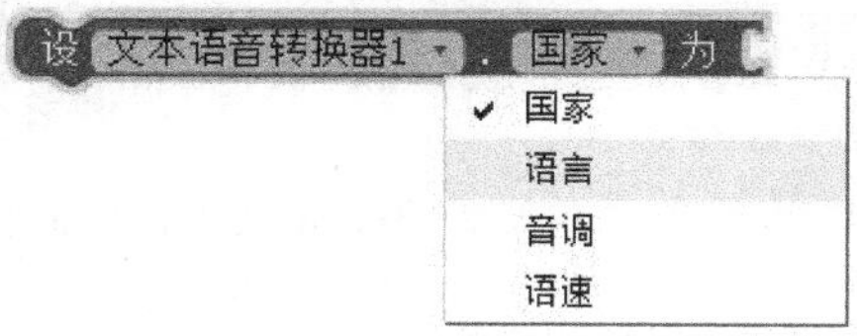 设 文本语音转换器1 . 国家 为 ✓ 国家 语言 音调 语速	取属性值	设置文本转语音国家、文本转语音语种、设置 TTS 朗读音高及文本转语音朗读的速度
 文本语音转换器1	取对象值	文本转语音组件

（5）“文本输入框”的代码块如表 3-19 所示。

表 3-19　“文本输入框”的代码块

代 码 块	类　型	作　用
 当 文本输入框1 .获得焦点 执行	事件	文本输入获得焦点后事件
 当 文本输入框1 .失去焦点 执行	事件	文本输入失去焦点后事件
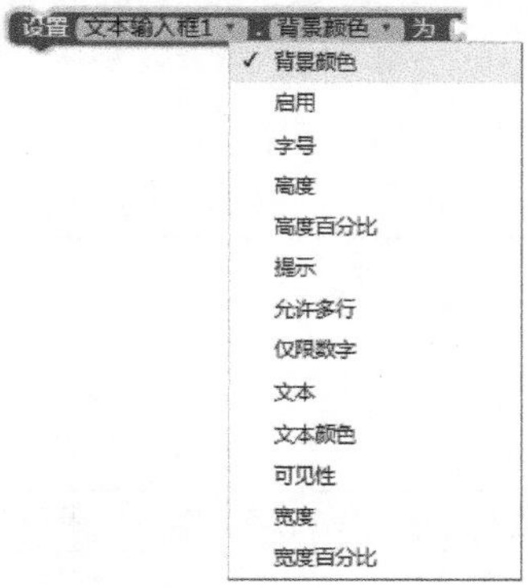 设置 文本输入框1 . 背景颜色 为 ✓ 背景颜色 启用 字号 高度 高度百分比 提示 允许多行 仅限数字 文本 文本颜色 可见性 宽度 宽度百分比	取属性值	设置文本输入框的属性值
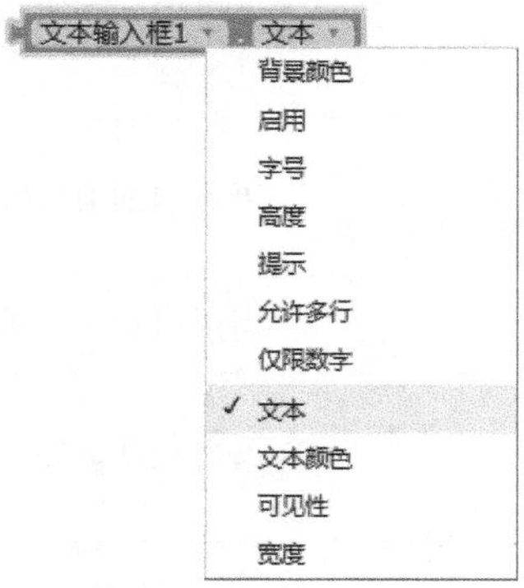 文本输入框1 . 文本 背景颜色 启用 字号 高度 提示 允许多行 仅限数字 ✓ 文本 文本颜色 可见性 宽度	取属性值	设置文本输入框的属性值
 文本输入框1	取对象值	取文本输入框

（6）“下拉框”的代码块如表 3-20 所示。

表 3-20 “下拉框”的代码块

代 码 块	类 型	作 用
当 下拉框1 .选择完成 选择项 执行	事件	下拉框完成后的事件
调用 下拉框1 .显示列表	调用	调用下拉框
设置 下拉框1 . 元素 为 ✓元素 元素字串 高度 高度百分比 提示 选中项 选中项索引 可见性 宽度 宽度百分比	取属性值	设置下拉框的属性值
下拉框1 . 选中项 元素 高度 提示 ✓选中项 选中项索引 可见性 宽度	取属性值	设置下拉框的属性值
下拉框1	取对象值	取下拉框

（7）“语音识别器”的代码块如表 3-21 所示。

表 3-21 “语音识别器”的代码块

代 码 块	类 型	作 用
当 语音识别器1 .识别完成 返回结果 执行	事件	语音识别后事件
当 语音识别器1 .准备识别 执行	事件	语音识别前事件
调用 语音识别器1 .识别语音	调用	调用语音识别器
语音识别器1 . 结果 ✓结果	取属性值	取语音识别器属性值
语音识别器1	取对象值	取语音识别器

3.6 实训项目

3.6.1 实训目的与要求

通过项目三中控件的学习，以及一些应用程序的设计训练，大家已经有了用 App Inventor 2.0 开发应用程序的基础。现在利用 App Inventor 2.0 开发一个“手指钢琴”的小应用 App，用来模拟钢琴键盘弹奏。钢琴按键背景颜色为“白色”，按键被按下时的背景颜色为“灰色”，发出相应音乐，松开按键音乐停止，按键背景颜色变为“白色”。“手指钢琴”App 运行效果如图 3-44 所示。

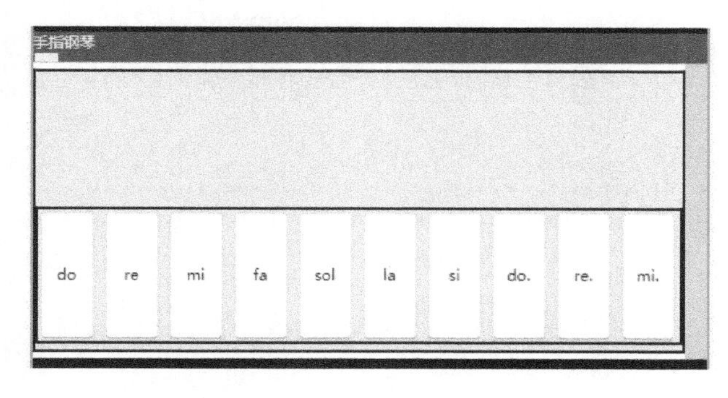

图 3-44 “手指钢琴”App 运行效果

3.6.2 素材

开发“手指钢琴”App 所需素材如表 3-22 所示。

表 3-22 开发“手指钢琴”App 所需素材

类　别	素材说明	素材名称
音频文件	钢琴按键 do 音乐	music_do.mp3
	钢琴按键 re 音乐	music_re.mp3
	钢琴按键 mi 音乐	music_mi.mp3
	钢琴按键 fa 音乐	music_fa.mp3
	钢琴按键 sol 音乐	music_so.mp3
	钢琴按键 la 音乐	music_la.mp3
	钢琴按键 si 音乐	music_si.mp3
	钢琴按键 do • 音乐	music_do • .mp3
	钢琴按键 re • 音乐	music_re • .mp3
	钢琴按键 mi • 音乐	music_mi • .mp3

3.6.3 思考

如果要更真实地模拟钢琴弹奏，实现如图 3-45 所示的手指钢琴弹奏效果，该如何进行界面设计和逻辑设计呢？请你尝试设计。

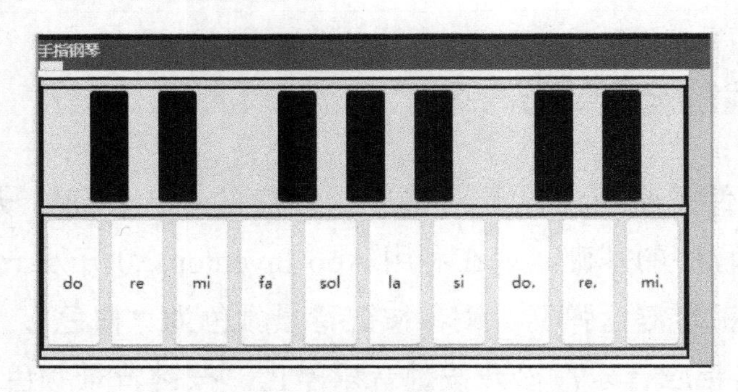

图 3-45 手指钢琴弹奏效果

画布和动画

画布，相当于一张空白纸，可以在上面绘制点、直线、实心圆等图形或写文字，还可以将画布中的图形或文字保存留档。此外，App Inventor 2.0 还可以通过拍照、打开相册等方式进行涂鸦。画布在图片、球形等元件配合下，可以设计含有动画或游戏的程序。

4.1 涂鸦板

4.1.1 任务分析

利用 App Inventor 2.0，结合手机拍摄的照片或相册中的图片设计简单的“涂鸦板”应用程序。“涂鸦板”界面如图 4-1 所示。

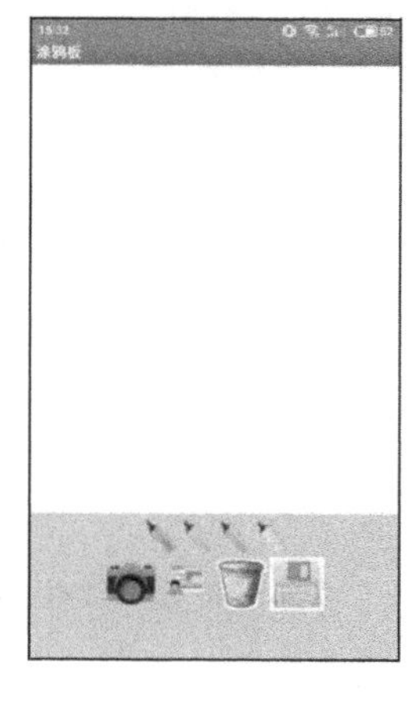

图 4-1 “涂鸦板”界面

4.1.2 任务目标

- 会使用画布组件。
- 会使用布局功能。
- 会使用颜色。
- 认识照相机功能。
- 认识条件控制积木。

4.1.3 任务实施

1. 设计流程图

“设计流程图”是用统一规定的标准符号描述程序运行具体步骤的图形表示，它可以说明程序的逻辑性与处理顺序，当程序中有较多循环语句和转移语句时，程序结构呈现比较复杂，可以先用设计流程图画出程序流向，厘清逻辑联系，为程序设计提供清晰的指向。可以说，设计流程图是程序设计的基本依据，因此，它的质量直接关系程序设计的质量。“涂鸦板”的设计流程图如图 4-2 所示。

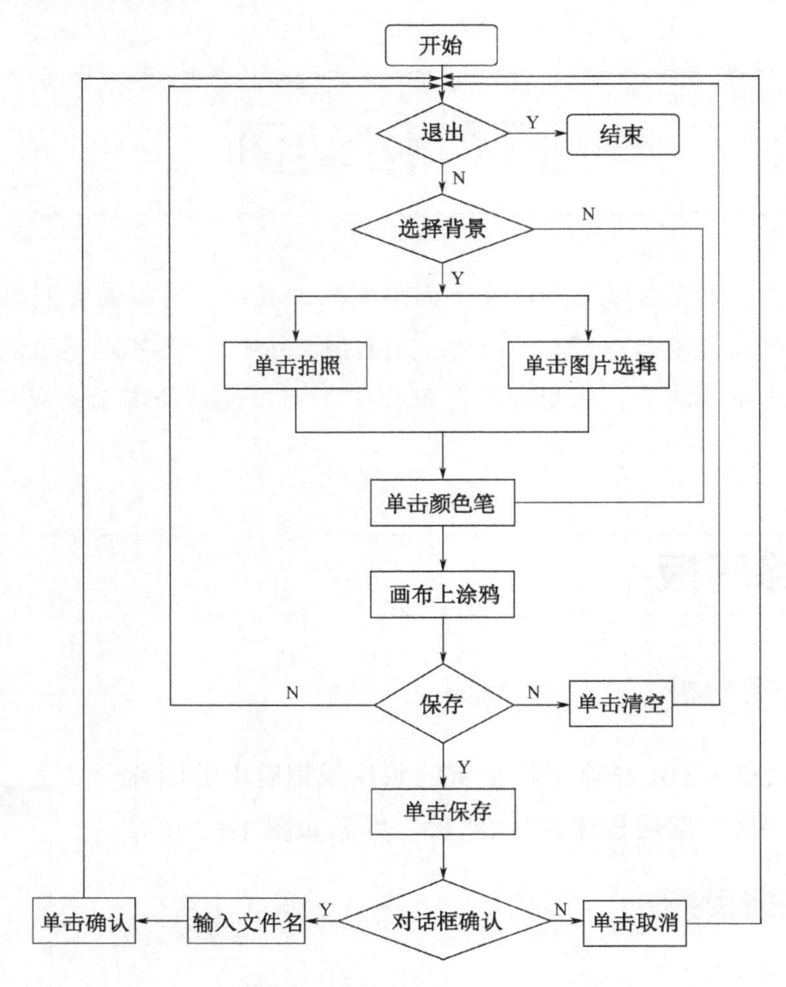

图 4-2 “涂鸦板”的设计流程图

2. 准备素材

本任务需要准备各按钮的图标，包括颜色笔、相机、图像、垃圾桶、磁盘等。素材如表 4-1 所示。

表 4-1 设计“涂鸦板”的素材

文　件								
文 件 名	red.png	green.png	blue.png	yellow.png	camera.png	clear.png	save.png	Album.png

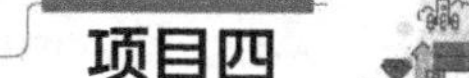

3. 新建项目

在 App Inevntor 2.0 平台中，单击界面左上角的“新建项目”按钮（或单击“项目”→“新建项目”菜单命令），在弹出的“新建项目”对话框中输入项目名称“drawlt”，单击“确定”按钮建立项目，如图 4-3 所示。

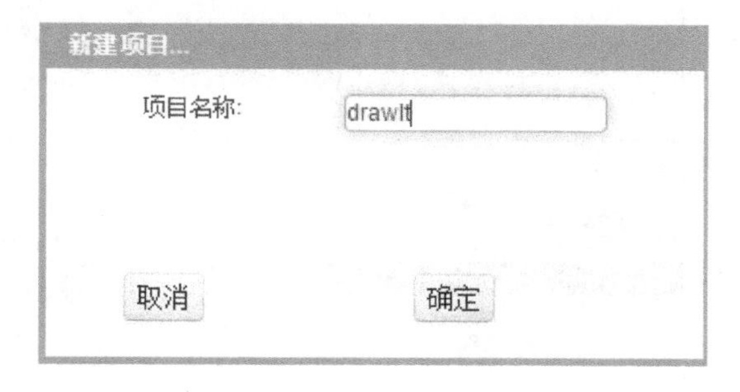

图 4-3　新建项目“drawlt”

4. 组件设计

本项目除用到画布这个主要组件外，还用水平布局组件，以及按钮、图像选择框、照相机、对话框等非可视组件。具体组件如表 4-2 所示，组件布局效果如图 4-4 所示。

表 4-2　“涂鸦板”的组件

组　件	所属面板	命　名	作　用	属性名	属性值
画布	绘图动画	画布 1	执行绘画等触碰动画	高度	70%
				宽度	充满
				线宽	3
				画笔颜色	红色
				文本对齐	居左
水平布局	界面布局	水平布局 1 水平布局 2	水平确定组件位置	—	—
按钮	用户界面	按钮红	等待触摸	图像	red.png
		按钮绿	等待触摸	图像	green.png
		按钮蓝	等待触摸	图像	blue.png
		按钮黄	待触摸	图像	yellow.png
		按钮拍照	等待触摸	图像	camera.png
		按钮清空	等待触摸	图像	clear.png
		按钮保存	等待触摸	图像	save.png
图像选择框	多媒体	图像选择框 1	调用手机相册图片	图像	Album.png
照相机	多媒体	照相机 1	调用手机照相机	—	—
对话框	用户界面	对话框 1	调用与用户对话框	—	—

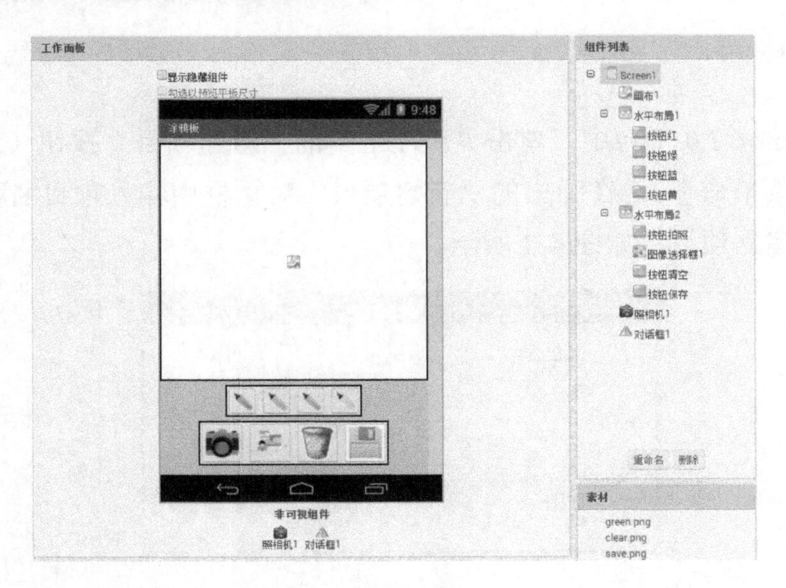

图 4-4　组件布局效果

5. 逻辑设计

单击“逻辑设计”按钮，切换到逻辑设计界面。

（1）“颜色笔按钮”逻辑设计。

单击各颜色按钮，将画笔颜色设置为相应的颜色。具体逻辑设计如图 4-5 所示。

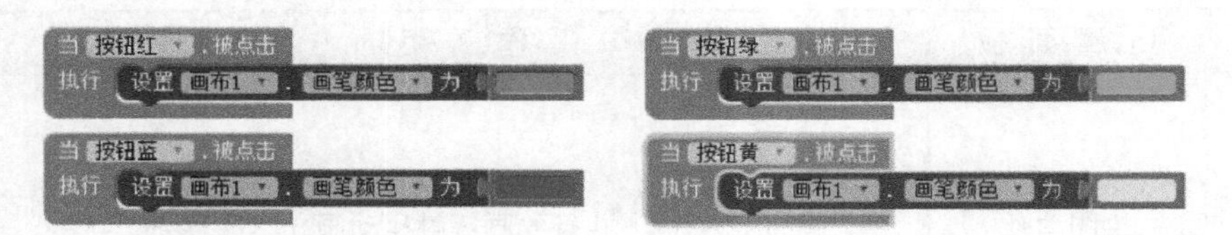

图 4-5　“颜色笔按钮”逻辑设计

（2）“画布”逻辑设计。

在“画布”上用线条进行涂鸦。具体逻辑设计如图 4-6 所示。

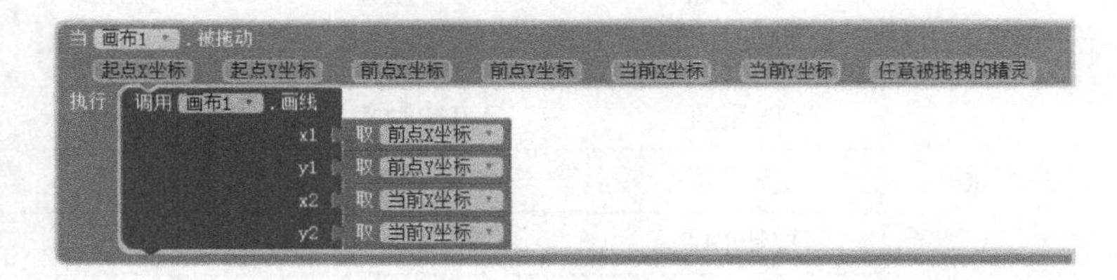

图 4-6　“画布”逻辑设计

（3）“照相机”逻辑设计。

单击“照相机”代码块调动手机的“照相机”功能，从而实现拍照，并将拍照的照片设置为背景图片。具体逻辑设计如图 4-7 所示。

图 4-7 “照相机”逻辑设计

（4）“图像选择框”逻辑设计。

单击“图像选择框”代码块调用手机相册中的图片，并将其设置为背景图片。具体逻辑设计如图 4-8 所示。

图 4-8 “图像选择框”逻辑设计

（5）“按钮清空”逻辑设计。

单击“按钮清空”代码块将画布中的涂鸦内容及画布的背景图片同时清空。具体逻辑设计如图 4-9 所示。

图 4-9 “按钮清空”逻辑设计

（6）“按钮保存”逻辑设计。

单击“按钮保存”代码块，对涂鸦内容进行保存。具体逻辑设计如图 4-10 所示。

图 4-10 “按钮保存”逻辑设计

6. 连接测试

7. 知识链接

“画布”是一个矩形区域，它的任何位置都有一个特定坐标（x, y），其中，x 为坐标点距离画布左缘的距离，单位为像素；y 为坐标点距离画布上缘的距离，单位为像素。

直角坐标和计算机屏幕坐标如图 4-11 所示。

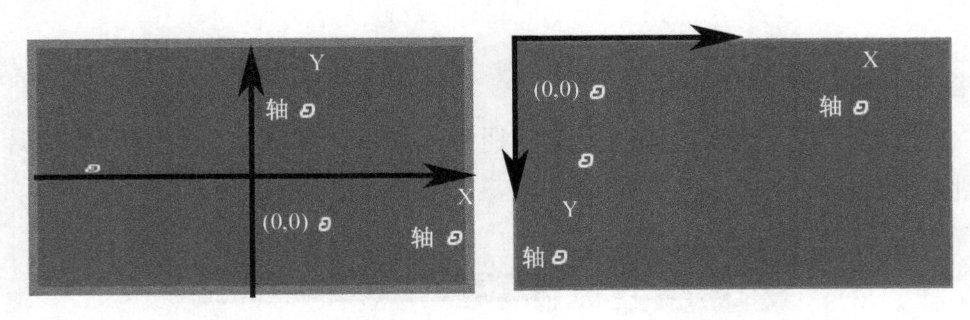

图 4-11　直角坐标和计算机屏幕坐标

画布”的属性如表 4-3 所示，“画布”的代码块如表 4-4 所示。

表 4-3　“画布”的属性

属 性 名	作 用
背景颜色	设置画布的背景颜色，可以为透明、黑、蓝、青、默认、深灰等
背景图片	通过上传图片文件设置画布的默认背景
字号	设置画布文本的字号大小
高度	设置画布的高度，可以设置为自动、充满、自定义像素或比例
宽度	设置画布的宽度，可设置为自动、充满、自定义像素或比例
线宽	设置画布线条的宽度
画笔颜色	设置画布的默认画笔颜色，可以为透明、黑、蓝、青、默认、深灰等
文本对齐	设置画布文本的对齐方式为居左 0、居中 1 或居右 2
可见性	若选中单选框，则设置画布显示，否则隐藏

表 4-4　“画布”的代码块

代 码 块	类 型	作 用
当 画布1 .被拖动 起点X坐标 起点Y坐标 前点X坐标 前点Y坐标 当前X坐标 当前Y坐标 被拖拽精灵 执行	绘图	根据起点、当前点绘画线条
当 画布1 .被划动 x坐标 y坐标 速度 方向 速度X分量 速度Y分量 被划动精灵 执行	绘图	根据起点、移动方向、速度绘画线条
当 画布1 .被按压 x坐标 y坐标 执行	绘图	当画布被按压或松开事件发生时执行的事件
当 画布1 .被松开 x坐标 y坐标 执行		

续表

积　　木	类　　型	作　　用
调用 画布1 .清除画布	方法	调用画布的清除方法
调用 画布1 .画圆 x坐标 y坐标 半径	方法	调用画布画圆的方法，需要给定圆心点和半径的参数
调用 画布1 .画线 第一点x坐标 第一点y坐标 第二点x坐标 第二点y坐标	方法	调用画布画线的方法，需要给定第一点和第二点的参数
调用 画布1 .画点 x坐标 y坐标	方法	调用画布画点的方法，需要给定点的参数
调用 画布1 .画字 文本 x坐标 y坐标	方法	调用画布写字的方法，需要给定文本和点的参数
调用 画布1 .沿角度画字 文本 x坐标 y坐标 角度	方法	调用画布沿角度写字的方法，需要给定文本、点和角度的参数
调用 画布1 .求背景像素色值 x坐标 y坐标	返回值	返回画布上某点的背景像素色值，需要给定点的位置
调用 画布1 .求像素颜色值 x坐标 y坐标	返回值	返回画布上某点的像素颜色值，需要给定点的位置
调用 画布1 .设背景像素色值 x坐标 y坐标 颜色	方法	调用设置画布上某点的背景像素色值的方法，需要给定点和颜色的参数
设 画布1 . 背景颜色 为（背景颜色 背景图片 字号 高度 线宽 画笔颜色 显示状态 宽度）	赋值	可以设置画布的背景颜色、背景图片、字号、高度、线宽、画笔颜色、显示状态、宽度等
画布1 . 背景颜色（背景颜色 背景图片 字号 高度 线宽 画笔颜色 显示状态 宽度）	返回值	返回画布的背景颜色、背景图片、字号、高度、线宽、画笔颜色、显示状态、宽度等值

“界面布局”用以更好地布置各组件在屏幕上的位置，包括水平布局、水平滚动条布局、表格布局、垂直布局和垂直滚动条布局等。“水平布局”的属性如表 4-5 所示。

表 4-5 “水平布局”的属性

属 性 名	作 用
水平对齐	设置水平布局组件的水平对齐方式，可以设置为居左 1、居右 2、居中 3
垂直对齐	设置水平布局组件的垂直对齐方式，可以设置为居上 1、居中 2、居下 3
背景颜色	设置水平布局组件的背景颜色，可以设置为透明、黑、蓝、青、默认、深灰等
高度	设置水平布局组件的高度，可以设置为自动、充满、自定义像素或比例
宽度	设置水平布局组件的宽度，可以设置为自动、充满、自定义像素或比例
图像	通过上传图像文件设置水平布局组件的默认背景
可见性	若选中单选框，则显示水平布局组件，否则隐藏

“图像选择框”可以调用手机中的图库，进行图像的选择。“图像选择框”的属性如表 4-6 所示，“图像选择框”的代码块如表 4-7 所示。

表 4-6 “图像选择框”的属性

属 性 名	作 用
背景颜色	设置图像选择框的背景颜色，可以设置为透明、黑、蓝、青、默认、深灰等
启用	若选中单选框，则启用图像选择框，否则不启用
粗体	若选中单选框，则图像选择框中文本为粗体
斜体	若选中单选框，则图像选择框中文本为斜体
字号	设置图像选择框中文本的字号
字体	设置图像选择框中文本的字体
高度	设置图像选择框的高度，可以设置为自动、充满、自定义像素或比例
宽度	设置图像选择框的宽度，可以设置为自动、充满、自定义像素或比例
图像	通过上传图像文件设置图像选择框的默认背景
形状	设置图像选择框的形状，可以设置为圆角、方形、椭圆
显示交互效果	若选中单选框，图像选择框显示交互效果，否则不显示
文本	设置标签默认显示的文本
文本对齐	设置图像选择框中文本的对齐方式，可以设置为为居左 0、居中 1 或居右 2
文本颜色	设置图像选择框中文本的颜色，可以设置为透明、黑、蓝、青、默认、深灰等
可见性	若选中单选框，则显示图像选择框，否则隐藏

表 4-7 “图像选择框”的代码块

代码块	类型	作用
当 图像选择框1 . 选择完成 执行	事件	图像选择框被选择后执行的事件
当 图像选择框1 . 准备选择 执行	事件	准备选择图像选择框时执行的事件
当 图像选择框1 . 获得焦点 执行	事件	图像选择框获得焦点后执行的事件
当 图像选择框1 . 失去焦点 执行	事件	图像选择框失去焦点后执行的事件
当 图像选择框1 . 被按压 执行	事件	图像选择框被按压时执行的事件
当 图像选择框1 . 被松开 执行	事件	图像选择框被松开后执行的事件
调用 图像选择框1 . 打开选框	调用	调用图像选择框以打开选框
图像选择框1 . 背景颜色 ✓ 背景颜色 启用 粗体 斜体 字号 高度 图像 选中项 显示交互效果 文本 文本颜色 可见性 宽度	取属性值	可以取图像选择框的背景颜色、启用、粗体、斜体、字号、高度、图像、选中项、显示交互效果、文本、文本颜色、可见性、宽度等属性值
设置 图像选择框1 . 背景颜色 为 ✓ 背景颜色 启用 粗体 斜体 字号 高度 高度百分比 图像 显示交互效果 文本 文本颜色 可见性 宽度 宽度百分比	设属性值	可以设置图像选择框的背景颜色、启用、粗体、斜体、字号、高度、高度百分比、图像、显示交互效果、文本、文本颜色、可见性、宽度、宽度百分比等属性值
图像选择框1	取对象	取图像选择框为对象值

“对话框”是手机与用户进行交流的窗口。“对话框”的属性如表 4-8 所示，“对话框”的代码块如表 4-9 所示。

表 4-8 “对话框”的属性

属 性 名	作 用
背景颜色	设置对话框的背景颜色，可以设置为透明、黑、蓝、青、默认、深灰等
显示时长	设置对话框的显示时长，可以设置为短延时、长延时
文本颜色	设置对话框中文本的颜色，可以设置为透明、黑、蓝、青、默认、深灰等

表 4-9 “对话框”的代码块

代 码 块	积 木 类 型	作 用
当 对话框1 .选择完成 选择值 执行	事件	对话框选择完成后执行的事件
当 对话框1 .输入完成 响应 执行	事件	对话框输入内容完成后执行的事件
调用 对话框1 .关闭进程对话框	调用	关闭对话框窗口
调用 对话框1 .错误日志 消息	调用	对话框错误信息窗口
调用 对话框1 .显示警告信息 通知	调用	对话框警告信息窗口
调用 对话框1 .显示选择对话框 消息 标题 按钮1文本 按钮2文本 允许撤销 真	调用	对话框选择对话框信息窗口
调用 对话框1 .显示消息对话框 消息 标题 按钮文本	调用	对话框消息对话窗口
调用 对话框1 .显示进程对话框 消息 标题	调用	对话框显示进程对话窗口
调用 对话框1 .显示文本对话框 消息 标题 允许撤销 真	调用	对话框显示文本对话窗口
设置 对话框1 . 背景颜色 为 ✓背景颜色 文本颜色	设置属性值	可以设置对话框的背景颜色、文本颜色
对话框1 . 文本颜色 ✓文本颜色	取属性值	可以取对话框中文本颜色的属性值
对话框1	取对象	取对话框作为对象值

“照相机”组件是非可视组件，用以启用手机的拍照功能，完成拍照、取图像等操作，其代码块如表 4-10 所示。

表 4-10 “照相机”的代码块

代 码 块	类 型	作 用
当 照相机1 ▾ .拍摄完成 图像位址 执行	事件	照相机拍摄完成后将图像执行的事件
调用 照相机1 ▾ .拍照	调用	调用照相机执行拍照
照相机1 ▾	取属性值	取照相机组件的属性值

“如果……则……否则……”是条件控制语句，根据条件来控制程序的流程。当满足“如果”条件时，执行“则”后的语句，否则执行“否则”后的语句。“条件控制语句”的代码块如表 4-11 所示。

表 4-11 “条件控制语句”的代码块

代 码 块	类 型	作 用
如果 则	条件判断	测试指定条件，若为真则执行“则”中的语句，反之跳过。单击蓝色块弹出窗口，可以增加“否则”或“否则，如果”代码块
当 满足条件 执行	条件判断	条件为真时执行“执行”中的语句
如果 则 否则	返回判断的结果	条件为真，返回“则”语句的结果，为假返回“否则”语句的结果
循环取 数字 范围从 1 到 5 间隔为 1 执行	FOR 循环	默认初值为 1，终值为 5，步长为 1，指定变量在范围内就执行（循环体内）的语句
循环取 列表项 列表为 执行	循环控制	满足列表项就执行语句
打开屏幕并传值 屏幕名称 初始值	开屏控制	打开应用程序时赋值屏幕名称和初始值

4.2 触摸屏

4.2.1 任务分析

“汤姆猫”应用程序是利用画布的触摸功能，通过触摸汤姆猫的不同部位，使它发出不同的叫声。触摸汤姆猫产生的变化如图 4-12 所示。

图 4-12 触摸汤姆猫产生的变化

4.2.2 任务目标

- 会使用画布的按压功能。
- 认识音频播放器功能。
- 认识计时器功能。
- 熟悉条件控制积木。

4.2.3 任务实施

1. 设计流程图

本程序运行时，用户触摸手机屏幕上汤姆猫的不同部位，汤姆猫作出不同的反应，反应停留一段时间后，汤姆猫还原为原表情并处于安静状态。“汤姆猫”的设计流程图如图 4-13 所示。

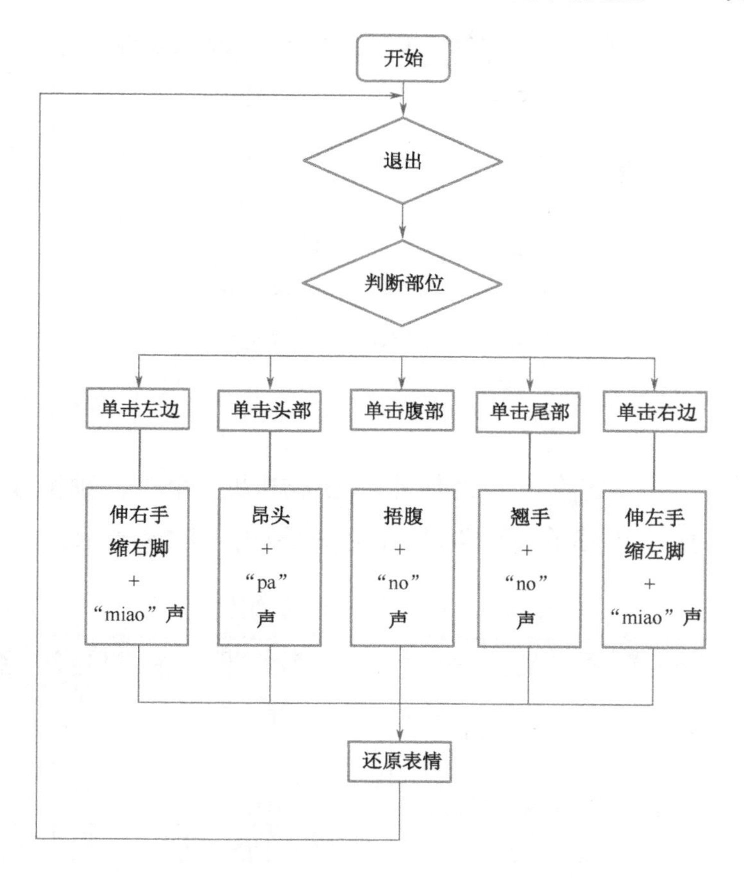

图 4-13 “汤姆猫”的设计流程图

2. 准备素材

本任务需要准备 6 张汤姆猫的表情图及 3 个汤姆猫叫声的 MP3 文件。素材如表 4-12 所示。

表 4-12 “汤姆猫”的素材

文件							—	—	—
文件名	Head.jpg	Left.jpg	Right.jpg	Stomach.jpg	Tail.jpg	Normal.jpg	Miao.mp3	No.mp3	Pa.mp3

3. 新建项目

在 App Inevntor 2.0 平台中，单击界面左上角的“新建项目”按钮（或单击“项目”→“新建项目”菜单命令），在弹出的“新建项目”对话框中输入项目名称“TomCat”，单击“确定”按钮建立项目，如图 4-14 所示。

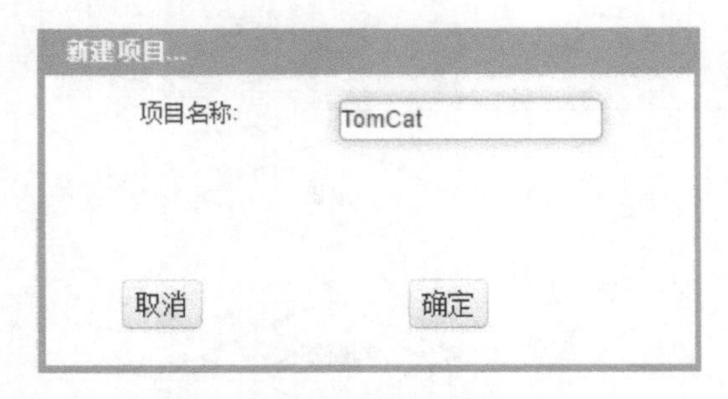

图 4-14　新建项目“TomCat”

4. 组件设计

本项目除用到“画布”这个主要组件外，还需用到一个“音频播放器”和一个“计时器”组件。具体组件如表 4-13 所示，组件布局效果如图 4-15 所示。

表 4-13　“汤姆猫”的组件

组　件	所属面板	命　名	作　用	属性名	属性值
画布	绘图动画	画布 1	执行触碰动画	背景图片	normal.jpg
				高度	充满
				宽度	充满
音频播放器	多媒体	单频播放器 1	播放音频	—	—
计时器	传感器	计时器 1	控制表情的反应时长	启用计时	不勾

图 4-15　组件布局效果

5. 逻辑设计

按照图 4-15 所示，进行各组件逻辑设计，单击“逻辑设计”按钮，切换到逻辑设计界面。

（1）“画布被按压”逻辑设计。

通过判断画布的 x 坐标与 y 坐标的值来确定汤姆猫产生的表情与叫声。具体逻辑设计如图 4-16 所示。

```
当 画布1 .被按压
  x坐标  y坐标
执行 如果 取 x坐标 < 画布1 . 宽度 × 0.3333
     则 设 画布1 . 背景图片 为 "left.jpg"
        设 音频播放器1 . 源文件 为 "miao.mp3"
     否则，如果 取 x坐标 > 画布1 . 宽度 × 0.6667
     则 设 画布1 . 背景图片 为 "right.jpg"
        设 音频播放器1 . 源文件 为 "miao.mp3"
     否则，如果 取 y坐标 < 画布1 . 高度 × 0.5
     则 设 画布1 . 背景图片 为 "head.jpg"
        设 音频播放器1 . 源文件 为 "pa.mp3"
     否则，如果 取 y坐标 > 画布1 . 高度 × 0.75
     则 设 画布1 . 背景图片 为 "tail.jpg"
        设 音频播放器1 . 源文件 为 "no.mp3"
     否则 设 画布1 . 背景图片 为 "stomach.jpg"
          设 音频播放器1 . 源文件 为 "no.mp3"
     调用 音频播放器1 .开始
     设 计时器1 . 启用计时 为 true
```

图 4-16 “画布被按压”逻辑设计

（2）“计时器”逻辑设计

“计时器”组件可以控制汤姆猫表情恢复的时长。具体逻辑设计如图 4-17 所示。

```
当 计时器1 .计时
执行 设置 计时器1 . 启用计时 为 假
     设置 画布1 . 背景图片 为 "normal.jpg"
```

图 4-17 “计时器”逻辑设计

6. 连接测试

4.3 滚动球

4.3.1 任务分析

在“绘图动画”代码块列表中，有一个“球形精灵”组件，它是 App Inventor 2.0 为动画和游戏打造的，用以配合画布和“加速度传感器”控制“球形精灵”，实现摆动手机使“球形精灵”在画布上滚动的动画和游戏效果，如图 4-18 所示。

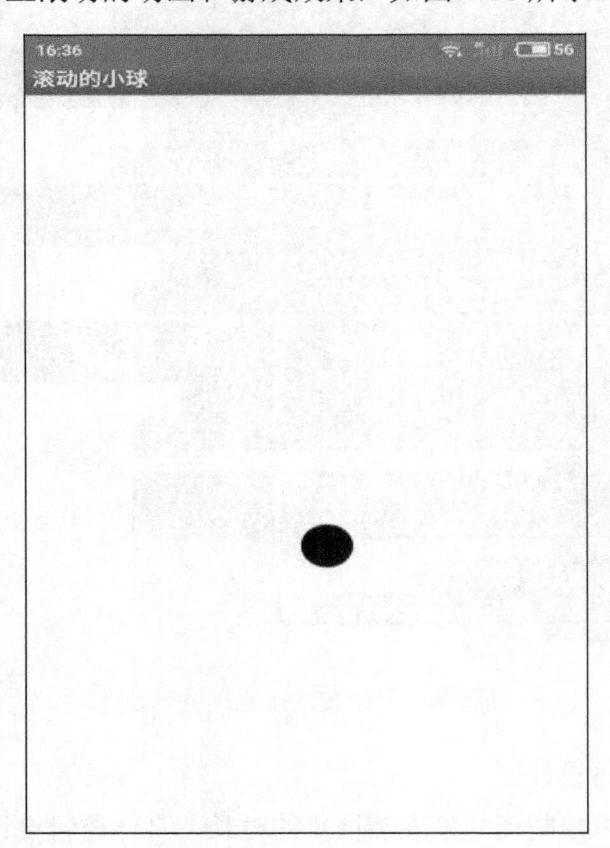

图 4-18 滚动球

4.3.2 任务目标

- 会使用球形精灵组件。
- 会使用加速度传感器功能。

4.3.3 任务实施

1. 设计流程图

本任务的设计流程图如图 4-19 所示。

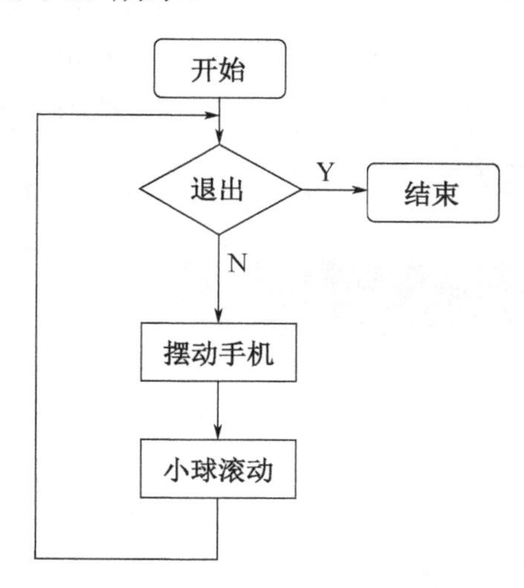

图 4-19 “滚动球”的设计流程图

2. 准备素材

本任务不需要准备素材。

3. 新建项目

在 App Inevntor 2.0 平台中，单击界面左上角的“新建项目”按钮（或单击“项目”→“新建项目”菜单命令），在弹出的“新建项目”对话框中输入项目名称“ball”，单击“确定”按钮建立项目，如图 4-20 所示。

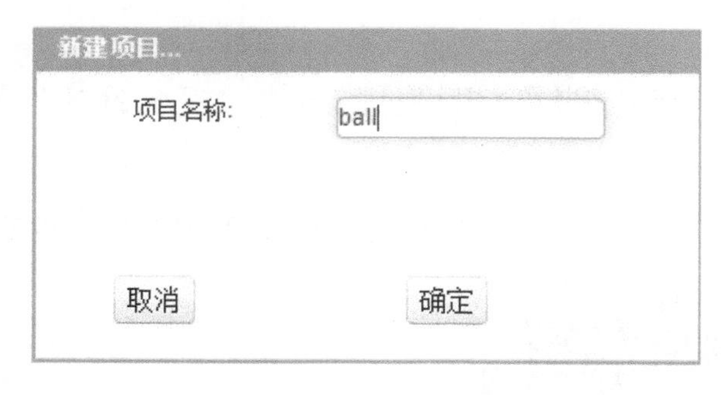

图 4-20 新建项目“ball”

4. 组件设计

本项目除用到“画布”这个主要组件外，还需用到“球形精灵”和“加速度传感器”

2 个组件。具体组件如表 4-14 所示，组件布局效果如图 4-21 所示。

表 4-14 “滚动球”的组件

组　件	所属面板	命　名	作　用	属性名	属性值
画布	绘图动画	画布 1	执行绘画等触碰动画	高度	充满
				宽度	充满
球体精灵	绘图动画	球体精灵 1	执行在画布中滚动的动画	半径	15
加速度传感器	传感器	加速度传感器 1	控制球体精灵的滚动动画	—	—

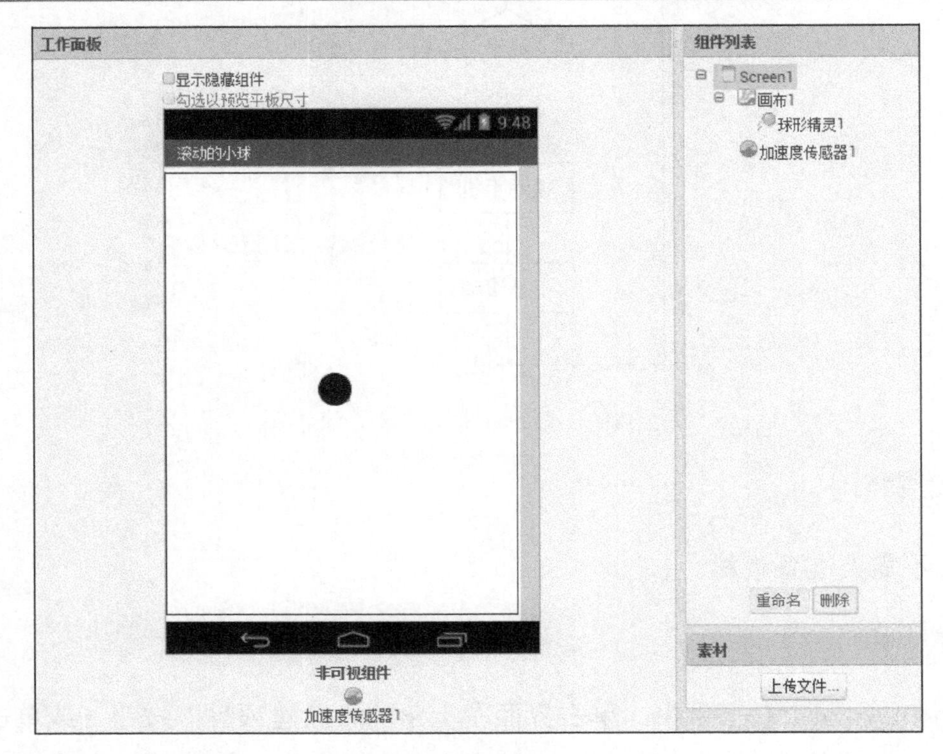

图 4-21　组件布局效果

5. 逻辑设计

按照图 4-21 所示进行各组件逻辑设计。单击“逻辑设计”按钮，切换到逻辑设计界面。

分别单击各“颜色”按钮，将画笔设置为相应的颜色。具体逻辑设计如图 4-22 所示。

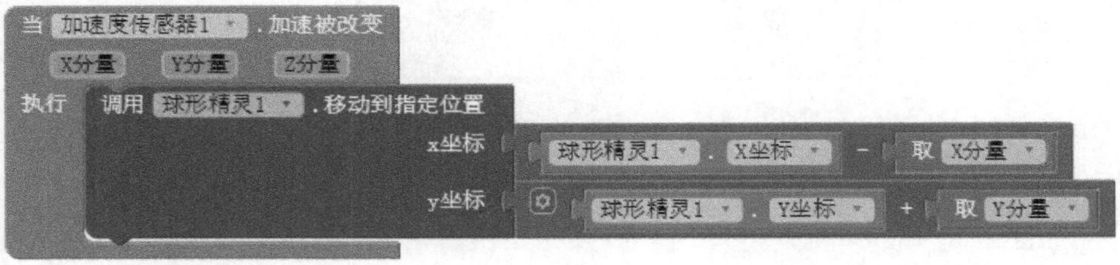

图 4-23　“滚动球”逻辑设计

6. 连接测试

4.3.4 知识链接

“球形精灵”不能自定义外观，但可以改变球的大小和颜色，其属性如表 4-15 所示，代码块如表 4-16 所示。

表 4-15 “球形精灵”的属性

属 性 名	作 用
启用	判断球形精灵是否启用
方向	设置球形精灵的方向
间隔	设置球形精灵的间隔时长，默认值为 100 毫秒
画笔颜色	设置球形精灵的背景颜色，可以为透明、黑、蓝、青、默认、深灰等
半径	设置球形精灵的大小
速度	设置球形精灵运动时的速度，默认值为 0.0 像素/秒
可见性	若选中单选框，则显示球形精灵，否则隐藏
x 坐标	设置球形精灵初始位置的 x 坐标
y 坐标	设置球形精灵初始位置的 y 坐标
z 坐标	设置球形精灵初始位置的 z 坐标

表 4-16 “球形精灵”的代码块

代 码 块	类 型	作 用
当 球形精灵1 .被碰撞 其他精灵 执行	事件	球形精灵被碰撞时执行的事件
当 球形精灵1 .被拖动 起点X坐标 起点Y坐标 前点X坐标 前点Y坐标 当前X坐标 当前Y坐标 执行	事件	球形精灵被拖动时执行的事件
当 球形精灵1 .到达边界 边缘数值 执行	事件	球形精灵到达边界时执行的事件
当 球形精灵1 .被划动 x坐标 y坐标 速度 方向 速度X分量 速度Y分量 执行	事件	球形精灵被划动时执行的事件
当 球形精灵1 .结束碰撞 其他精灵 执行	事件	球形精灵结束碰撞后执行的事件

续表

积　木	类　型	作　用
当 球形精灵1 .被触碰 x坐标 y坐标 执行	事件	球形精灵被触碰时执行的事件
当 球形精灵1 .被按压 x坐标 y坐标 执行	事件	球形精灵被按压时执行的事件
当 球形精灵1 .被松开 x坐标 y坐标 执行	事件	球形精灵被松开时执行的事件
调用 球形精灵1 .移动到指定位置 x坐标 y坐标	调用	调用球形精灵移动到指定位置
调用 球形精灵1 .反弹 边缘数值	调用	调用球形精灵反弹
调用 球形精灵1 .转向指定对象 目标精灵	调用	调用球形精灵转向指定对象
调用 球形精灵1 .碰撞检测 其他精灵	调用	调用球形精灵碰撞
调用 球形精灵1 .移动到边界	调用	调用球形精灵移动到边界
球形精灵1 . 启用 ✓启用 方向 间隔 画笔颜色 半径 速度 可见性 X坐标 Y坐标 Z坐标	取属性值	取球形精灵的启用、方向、间隔、画笔颜色、半径、速度、可见性、X坐标、Y坐标、Z坐标的属性值
设置 球形精灵1 . 启用 为 ✓启用 方向 间隔 画笔颜色 半径 速度 可见性 X坐标 Y坐标 Z坐标	设属性值	设置球形精灵的启用、方向、间隔、画笔颜色、半径、速度、可见性、X坐标、Y坐标、Z坐标的属性值
球形精灵1	取对象	取球形精灵作为对象

“球形精灵”可以与外界进行交互。

（1）与人交互，用户可以通过触摸和拖动的方式与之交互。

（2）与其他精灵（图片精灵、球形精灵）交互。

4.4 指南针

4.4.1 任务分析

指南针是人们户外活动的必需品，本任务利用“图像精灵”的方向定位功能结合“方向传感器”实现指南针的具体功能。“指南针”界面如图 4-23 所示。

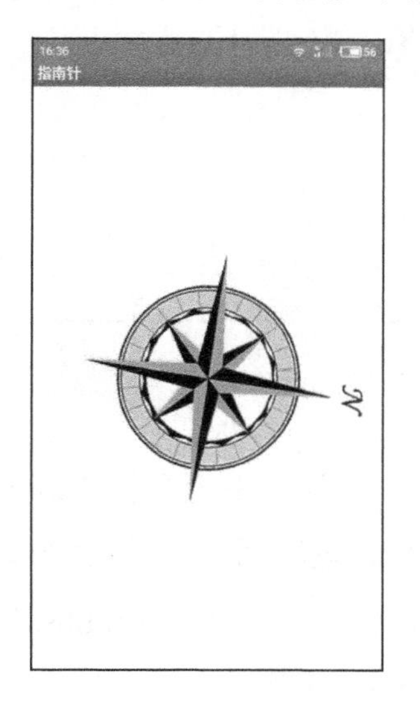

图 4-23 “指南针”界面

4.4.2 任务目标

- 会使用“图像精灵”。
- 会使用“方向传感器”。

4.4.3 任务实施

1. 设计流程图

用户通过摆动手机使指南针的指针转动方向，从而实现定位的功能。“指南针”的设计流程图如图 4-24 所示。

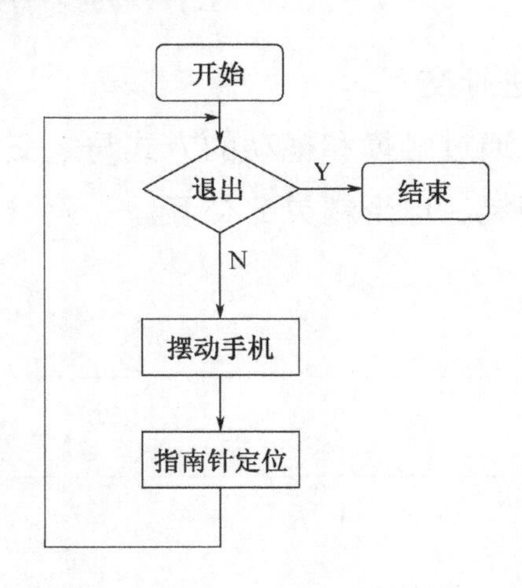

图 4-24 “指南针”的设计流程图

2. 准备素材

本任务需要指南针图像，如表 4-17 所示。

表 4-17 “指南针”的素材

文 件	（指南针图像）
文 件 名	compass.png

3. 新建项目

在 App Inevntor 2.0 平台中，单击界面左上角的“新建项目”按钮（或单击“项目”→“新建项目”菜单命令），在弹出的“新建项目”对话框中输入项目名称“compass”，单击“确定”按钮建立项目，如图 4-25 所示。

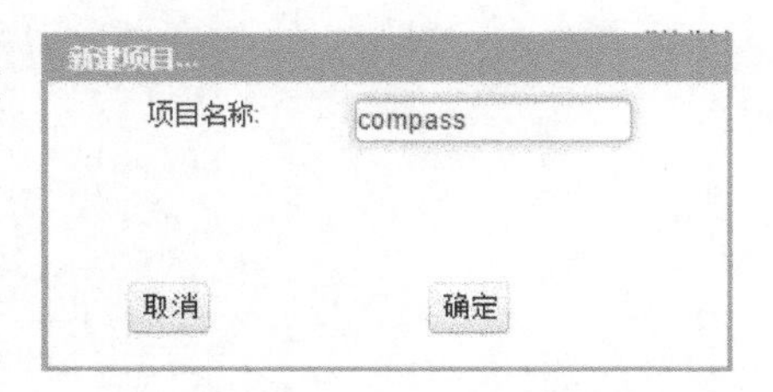

图 4-25 新建项目“compass”

4. 组件设计

本项目除用到组件“画布”和“图像精灵”外，还需用到“方向传感器”非可视组件。具体组件如表 4-18 所示，组件布局效果如图 4-26 所示。

表 4-18 “指南针”的组件

组 件	所属面板	命 名	作 用	属 性 名	属 性 值
画布	绘图动画	画布 1	执行绘画等触碰动画	高度	300 像素
				宽度	300 像素
图像精灵	绘图动画	图像精灵 1	执行方向定位的动画	图片	Compass.png
				x 坐标	0
				y 坐标	0
方向传感器	传感器	方向传感器 1	确定空间方位	—	—

图 4-26　组件布局效果

5. 逻辑设计

单击“逻辑设计”按钮，切换到逻辑设计界面。

转动手机，利用“方向传感器”感知手机的方向改变，然后执行“图像精灵”的方向定位功能，实现指南针的方向定位。具体逻辑设计如图 4-27 所示。

图 4-27　“方向传感器”逻辑设计

6. 连接测试

4.4.4　知识链接

“图像精灵”与“球形精灵”组件只能在画布内旋转。一般意义上的精灵有很多响应行为，它可以对触摸或拖拽事件产生回应，还可以与其他组件产生交互，如精灵与精灵间的交互、精灵和画布边界的交互。“球形精灵”不能改变自身的外观，但“图像精灵”的外观可由图片的图像属性决定。具体属性如表 4-19 所示，代码块如表 4-20 所示。

表 4-19 “图像精灵”的属性

属性名	作用
启用	选中此项，则启用图像精灵，否则不启动
方向	设置图像精妙的方向，范围为 1°～360°
高度	设置图像精灵的高度，可以是自动、充满或指定像素值
宽度	设置图像精灵的宽度，可以是自动、充满或指定像素值
间隔	设置图像精灵运动的间隔时间，默认为 100 毫秒
图片	设置图像精灵的图片
旋转	选中此项，则可以旋转图像精灵，否则不可以旋转
速度	设置图像精灵运动速度，默认为 0.0 像素/秒
可见性	选中此项，则显示图像精灵，否则隐藏
x 坐标	设置图像精灵的 x 坐标
y 坐标	设置图像精灵的 y 坐标
z 坐标	设置图像精灵的 z 坐标

表 4-20 “图像精灵”的代码块

代码块	类型	作用
 当 图像精灵1 .被碰撞 其他精灵 执行	事件	图像精灵被碰撞后执行的事件处理程序
 当 图像精灵1 .被划动 x坐标 y坐标 速度 方向 速度X分量 速度Y分量 执行	事件	图像精灵被划动时执行的事件
 当 图像精灵1 .到达边界 边缘数值 执行	事件	图像精灵到达边界时执行的事件
 当 图像精灵1 .结束碰撞 其他精灵 执行	事件	图像精灵结束碰撞时执行的事件
当 图像精灵1 .被拖动 起点X坐标 起点Y坐标 前点X坐标 前点Y坐标 当前X坐标 当前Y坐标 执行	事件	图像精灵被拖动时执行的事件
 当 图像精灵1 .被按压 x坐标 y坐标 执行	事件	图像精灵被按压时执行的事件
 当 图像精灵1 .被松开 x坐标 y坐标 执行	事件	图像精灵被松开后执行的事件
 当 图像精灵1 .被触碰 x坐标 y坐标 执行	事件	图像精灵被触碰时执行的事件
 调用 图像精灵1 .移动到指定位置 x坐标 y坐标	调用	调用图像精灵，将其移动到指定位置

续表

代 码 块	类　型	作　用
调用 图像精灵1 . 反弹 边缘数值	调用	调用图像精灵反弹
调用 图像精灵1 . 转向指定位置 x坐标 y坐标	调用	调用图像精灵转向指定位置
调用 图像精灵1 . 移动到边界	调用	调用图像精灵移动到边界
调用 图像精灵1 . 转向指定对象 目标精灵	调用	调用图像精灵转向指定对象
调用 图像精灵1 . 碰撞检测 其他精灵	调用	调用图像精灵碰撞检测
图像精灵1 . 启用 ✔ 启用 方向 高度 间隔 图片 旋转 速度 显示状态 宽度 X坐标 Y坐标 Z坐标	取属性值	可以取图像精灵的启用、方向、高度、间隔、图片、旋转、速度、显示状态、宽度、*X*坐标、*Y*坐标、*Z*坐标等的属性值
图像精灵1	取对象	取图像精灵作为对象值
设 图像精灵1 . X坐标 为 启用 方向 高度 间隔 图片 旋转 速度 显示状态 宽度 ✔ X坐标 Y坐标 Z坐标	设属性值	可以设置图像精灵的启用、方向、高度、间隔、图片、旋转、速度、显示状态、宽度、*X*坐标、*Y*坐标、*Z*坐标等的属性值

“方向传感器”用于确定手机的空间方位，若以坐标轴 x、y、z 为标准，则“方向传感器”以角度的方式可以提供以下 3 个方位值，如图 4-28 所示。

（1）方位角。表示手机屏幕向上水平放置时，手机与 x、y 轴的夹角。当手机水平放置绕着 z 轴旋转时，夹角为 0° 表示北（North），夹角为 90° 表示东（East），夹角为 180° 表示南（South），夹角为 270° 表示西（West）。

（2）翻转角。表示手机屏幕向上水平放置时与坐标轴 x 轴的夹角。其值为 0° 表示手机水平放置；当其值为 90° 表示手机向左倾斜到竖直位置，其值为-90° 表示手机向右倾斜至竖直位置。

（3）倾斜角。表示手机屏幕向上水平放置时与坐标轴 y 轴的夹角。其值为 0° 表示手机水平放置，其值为 90° 表示手机顶部向下倾斜至竖直放置。若继续沿相同方向翻转，夹角值将逐渐减小，直到手机屏幕向下水平放置，此时夹角为 0° 。同样，当手机底部向下倾斜直到指向地面时，其值为-90° ，继续沿同方向翻转到屏幕向上时，其值为 0° 。

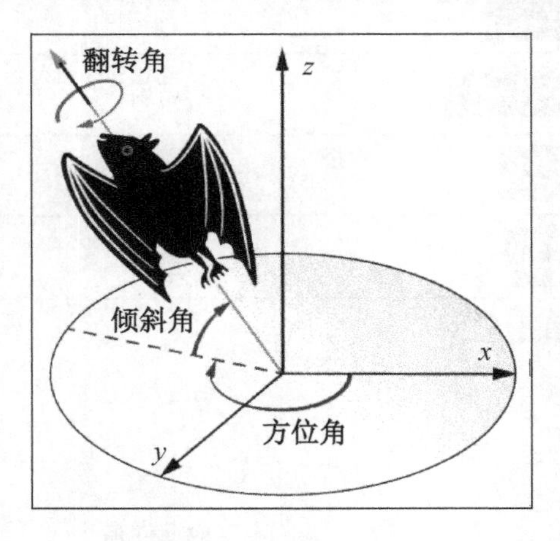

图 4-28　方向传感器

“方向传感器”具有启用或不启用的属性选项，其代码块如表 4-21 所示。

表 4-21　“方向传感器”的代码块

代　码　块	类　　型	作　　用
当 方向传感器1 .方向被改变 方位角 倾斜角 翻转角 执行	事件	方向传感器方向被改变时执行的事件
方向传感器1 . 角度 ✓ 角度 可用状态 方位角 启用 力度 音调 翻转角	取属性值	取方向传感器的角度、可用状态、方位角、启用、力度、音调、翻转角等属性值
设置 方向传感器1 . 启用 为 ✓ 启用	设属性值	设置方向传感器的启用属性值
方向传感器1	取对象	取方向传感器

4.5 实训项目

1. 实训目的与要求

学会利用画布、图像精灵、球形精灵设计简单的游戏 App。

2. 实训内容

（1）瞄准。

利用球形精灵和图像精灵设计一个“瞄准”App，无论小球跑到哪里，导弹都能瞄准并击中小球，如图 4-29 所示。

（2）降落伞。

设计一个“降落伞”App，用户晃动手机，降落伞就会慢慢飘落，如图 4-30 所示。

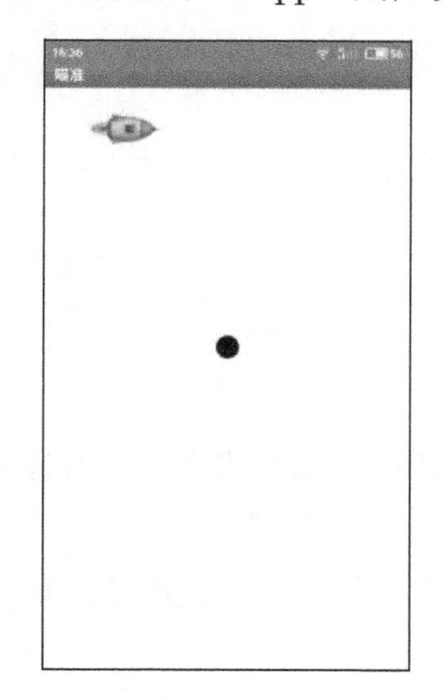

图 4-29 “瞄准”App

图 4-30 “降落伞”App

网络和通信

从早期的浏览网页、收发电子邮件，到现如今的使用手机即时通信和地图导航，互联网在人们的生活中越来越重要。App Inventor 2.0 可以设计一系列生动有趣，且实用性强的网络工具，从而帮助人们在利用互联网时更加便捷。

本项目除学习编写接拨电话、收发短信的基本通信代码外，还学习编写简单的浏览器连接及使用蓝牙技术的应用程序。

5.1 通信小助手

5.1.1 任务分析

开车时手机来电，你无法接听电话，但是你又想知道是谁的来电，并希望能向来电者说明无法接听电话的原因，就可以使用“通信小助手”应用程序。

“通信小助手”可以通过语音向用户播报来电信息，并自动回复短信，说明你未接听电话的原因。

5.1.2 相关知识

App Inventor 2.0 含有“短信收发器”“文本语音转换器”“自动回复”“电话拨号器”等具有网络通信功能的组件。其中，“短信收发器”组件可用于发送短信、处理收到的短信；“文本语音转换器”组件可以将文字读出来，即将文字转成语音播放出来；“自动回复”组件可以实现短信内容自定义，允许用户编写个性化的回复内容；“电话拨号器”组件可以打电话和接电话。当电话打进来时，通过“电话拨号器”组件获取来电号码，“文本语音转换器”组件将来电号码读出来，“短信收发器”组件向对方发送指定内容的短信。

5.1.3 任务目标

- 会使用“短信收发器”组件实现相关功能。
- 会利用“文本语音转换器”组件实现相关功能。
- 会使用“自动回复”组件实现相关功能。
- 会使用“电话拨号器”组件实现相关功能。
- 能够按需要准备素材及导入素材。
- 会使用 AI 伴侣调试应用程序或将应用程序下载到 Android 手机进行调试。

5.1.4 任务实施

1. 新建项目

在 App Inevntor 2.0 平台中，单击界面左上角的“新建项目”按钮（或单击“项目”→“新建项目”菜单命令），在弹出的“新建项目”对话框中输入项目名称“AssistanPhone”，单击“确定”按钮建立项目，如图 5-1 所示。

图 5-1 新建项目“AssistanPhone”

2. 组件设计

按使用功能分析，设计“通信小助手”应用程序需要用到电话拨号器、短信收发器和文本语音转换器组件。“通信小助手”的组件如表 5-1 所示。

表 5-1 “通信小助手”的组件

组件	所属面板	命名	作用	属性名	属性值
Screen	用户界面	Screen1	显示屏幕	应用说明	通信小助手
				背景图片	bg.jpg
				水平对齐	居中
				垂直对齐	居下
标签	用户界面	标签 1	用于显示 App 功能名称	文本	通信小助手
				字号	28
电话拨号器	社交”应用”	电话拨号器 1	拨打号码功能。用于提取来电电话号码并自动回复短信	—	—
短信收发器	社交”应用”	短信收发器 1	收发短信功能。用于将设定的默认内容发往指定的电话号码	—	—
文本语音转换器	多媒体	文本语音转换器 1	将文字用语音念读出来。用来播报来电号码信息	—	—

（5）“通信小助手”的设计界面如图 5-2 所示。

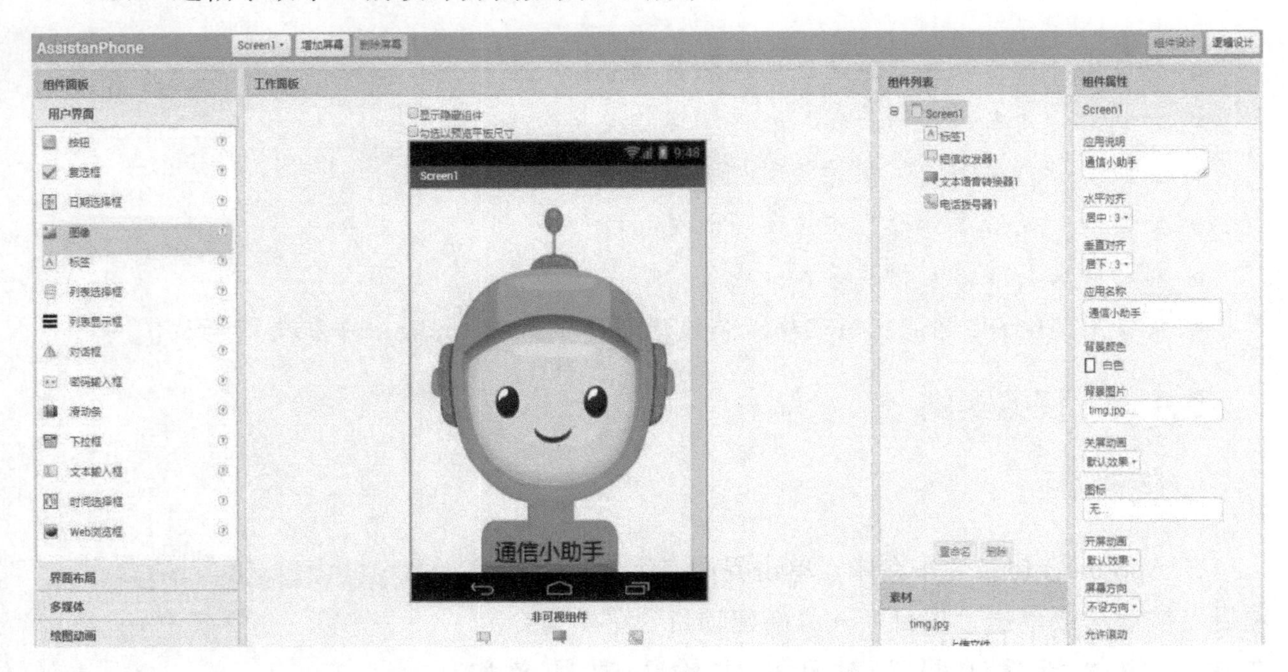

图 5-2　“通信小助手”的设计界面

【注意】“电话拨号器”“短信收发器”“文本语音转换器”均是非可视组件。

3. 逻辑设计

开车时手机来电，主人无法接听电话，“通信小助手”应用程序采用“电话拨号器”组件，以通话结束作为事件触发点，先对来电号码进行信息报读，再通过“短信收发器”组件按照预先设定的短信内容，向来电号码发送回复短信。具体逻辑设计如图 5-3 所示。

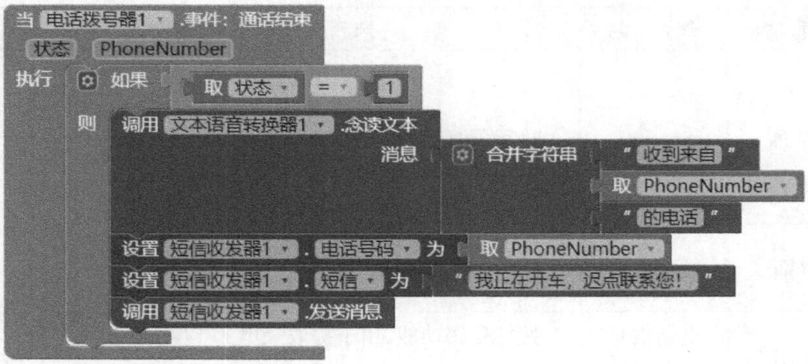

```
当 电话拨号器1 .事件：通话结束
  状态  PhoneNumber
执行 如果  取 状态 = 1
     则 调用 文本语音转换器1 .念读文本
              消息  合并字符串  “收到来自”
                              取 PhoneNumber
                              “的电话”
        设置 短信收发器1 . 电话号码 为  取 PhoneNumber
        设置 短信收发器1 . 短信 为  “我正在开车，迟点联系您！”
        调用 短信收发器1 .发送消息
```

图 5-3　“通信小助手”逻辑设计

【注意】（1）代码块中“电话拨号器 1”的触发事件使用了“通信结束”事件。（2）状态各参数的说明如下：

状态=1 表示来电未接听或拒接;

状态=2 表示来电在挂断前就接听了;

状态=3 表示拨出电话被挂断。

4. 连接测试

5.1.5 知识链接

拨打电话、发送短信是手机的基本功能，均需要知道联系人的电话号码。

拨打电话、发送短信需要用到的组件有“联系人选择框”、“电话拨号器”和“短信收发器”。“联系人选择框”组件的功能是打开手机上的联系人列表获取联系人信息，如姓名、电话号码、邮箱地址、头像等。“电话拨号器”组件的功能是拨打电话，电话号码既可以在界面编辑器中输入，也可以从“电话号码选择框”中直接获取。“短信收发器”组件通常和选取号码控件结合使用。

同学们，你们可以根据个人兴趣及实际需求开发属于自己的手机 App 吗？

逻辑设计思路：首先通过点击“联系人选择框”组件，进入手机的电话簿，选择想要拨打电话的联系人。然后将选定联系人的电话号码信息赋值给“电话拨号器”或“短信收发器”。最后并点击“拨号”或“发送短信”按钮，即可完成拨打电话或发送短信。

1. 打电话的 App

增加“按钮 1”和“联系人选择框 1”，可参考如图 5-4 所示的完成拨打电话逻辑设计。

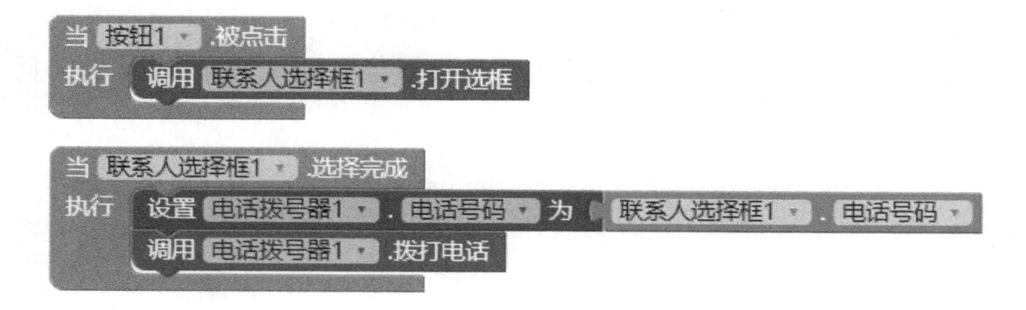

图 5-4 拨打电话逻辑设计

2. 发短信的 App

增加“按钮 1”和“联系人选择框 1”，可参考如图 5-5 所示的完成收发短信逻辑设计。

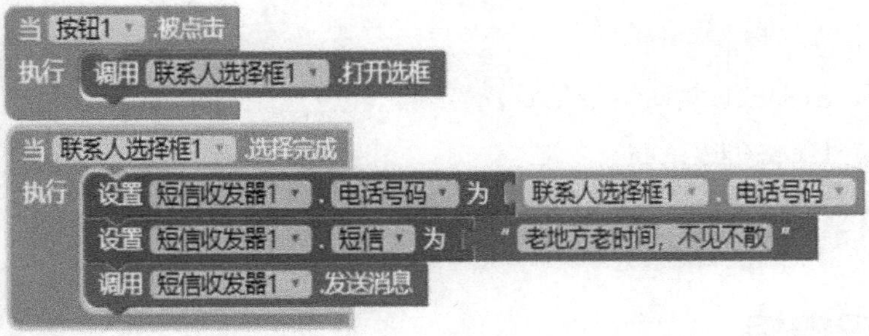

图 5-5　收发短信逻辑设计

5.2 简单浏览器

5.2.1 任务分析

设计一个简单的浏览器。根据指定的网址，显示对应的网页内容。

5.2.2 相关知识

手机可以随时随地上网，已经成为现代生活中重要的上网方式之一。工业和信息化部发布的通信业经济运行情况显示，2018 年 1～8 月，我国电信业务收入同比增长 5.2%。4G 用户占比已超过一半，使用手机上网的用户数再创历史新高，达到 10.04 亿户，国民月平均移动互联网接入流量近 800M，手机上网流量占比近九成。

App Inventor 2.0 可以设计符合个人需求的手机浏览器，实现网址收藏、访问等功能。

5.2.3 任务目标

- 会使用 web 服务器实现上网功能。
- 会利用“条码扫描器”读取网页条码信息。
- 能按需要准备素材及导入素材。
- 会使用 AI 伴侣调试应用程序或将应用程序下载到 Android 手机进行调试。

5.2.4 任务实施

1. 新建项目

在 App Inevntor 2.0 平台中，单击界面左上角的“新建项目”按钮（或单击“项目”

→“新建项目”菜单命令），在弹出的“新建项目”对话框中输入项目名称“Web”，单击“确定”按钮建立项目，如图 5-6 所示。

图 5-6 新建项目“Web”

2. 组件设计

浏览器设置了相应的按钮、地址输入框及网页显示控件等，通过点击相应按钮实现前进、后退、输入网址、收藏等常用功能。

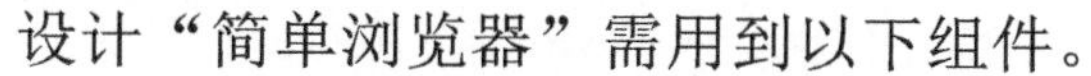

设计“简单浏览器”需用到以下组件。

（1）按钮：启动扫描、访问网页的按钮。

（2）文本输入框：提示输入网址和输入浏览网页的地址界面。

（3）Web 浏览框：链接视窗内网络页面，浏览网页。

（4）条码扫描器：利用“条码扫描器”读取网页条码信息。

“简单浏览器”的组件如表 5-2 所示。

表 5-2 “简单浏览器”的组件

组　件	所属面板	命　名	作　用	属性名	属性值
Screen	用户界面	Screen1	显示屏幕	“应用”说明	简单浏览器
水平布局	界面布局	水平布局 1	实现内部组件自左向右的水平排列	—	—
水平布局	界面布局	水平布局 2	实现内部组件自左向右的水平排列	对齐方式	居中
按钮	用户界面	扫描	触碰按钮可完成扫描网页的动作	图像	scan.jpg
		浏览	触碰按钮可完成应用中的浏览动作	文本	浏览
		后一页	触碰按钮可完成网页前进	文本	前进至后一页网页
		前一页	触碰按钮可完成网页后退	文本	后退至前一页网页
文本输入框	用户界面	文本输入框 1	提醒用户需要输入的网址或输入浏览网页地址	文本	请输入网址
Web 浏览框	用户界面	Web 浏览框 1	链接视窗内网络页面，浏览网页	首页地址	http://www.baidu.com
计时器	传感器	计时器 1	定时检查网页状态，控制前进/后退功能的启用	计时间隔	1000
条码扫描器	传感器	条码扫描器 1	利用条码扫描器读取条码信息	—	—

“简单浏览器”的设计界面如图 5-7 所示。

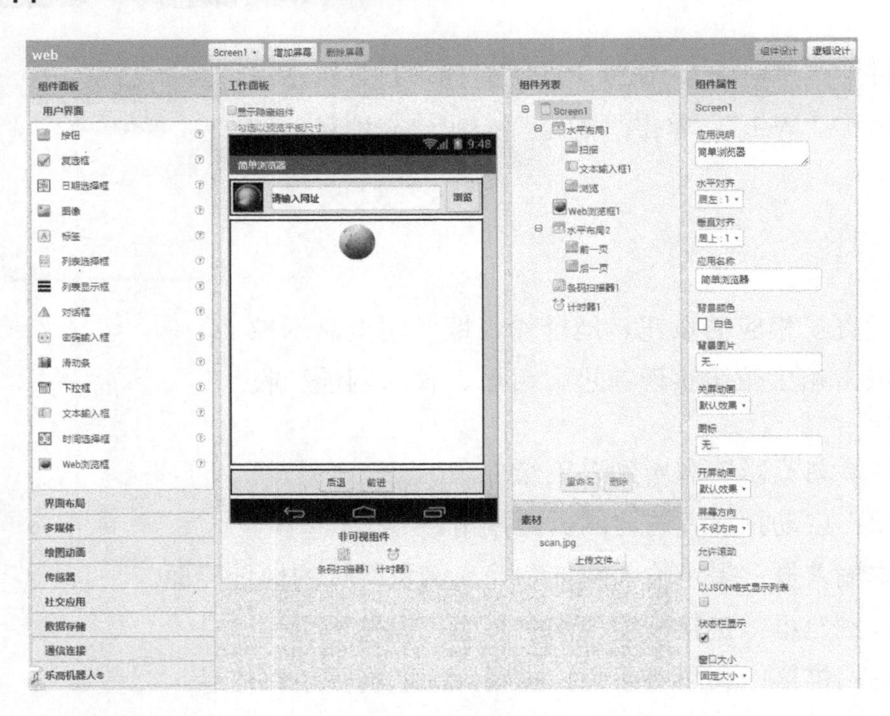

图 5-7 “简单浏览器”的设计界面

3. 逻辑设计

单击“逻辑设计”按钮，切换到逻辑设计界面。

（1）设置基本浏览网页功能。

① 用户可以在不打开第三方浏览器的情况下，利用本应用程序直接浏览设定的网页。网页的 URL 地址可在“组件设计”或“逻辑设计”中设定。具体逻辑设计如图 5-8 所示。

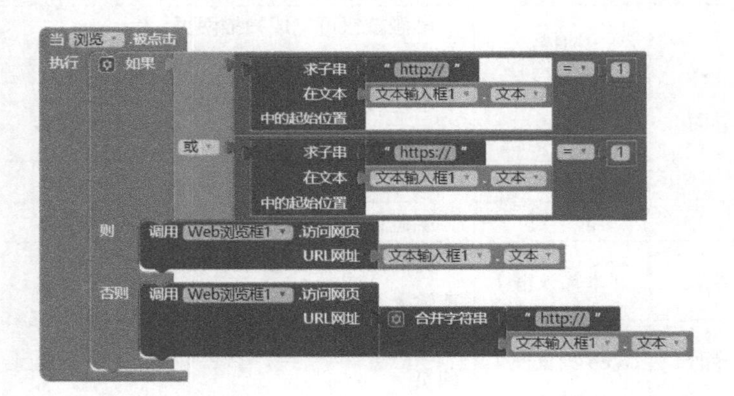

图 5-8 浏览网页逻辑设计

② 用“条码扫描器”扫描的方式打开网页。

为避免感染病毒，用户可以通过 App Inventor 2.0 的“条码扫描器”扫描网页后再打开网页。App Inventor 2.0 的“条码扫描器”组件本身没有扫描功能，需要调用其他条码扫

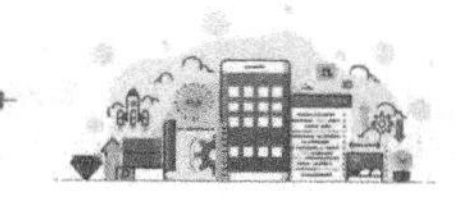

描软件（zxing）配合使用。zxing 能够读取条码中的数字、网址等信息。具体逻辑设计如图 5-9 所示。

当 扫描 .被点击
执行 调用 条码扫描器1 .执行扫描
当 条码扫描器1 .扫描结束
返回结果
执行 设置 文本输入框1 . 文本 为 取 返回结果

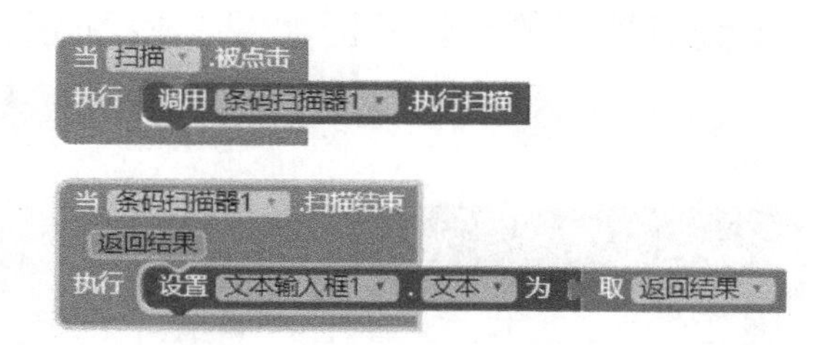

图 5-9　通过扫描打开网页逻辑设计

（2）网页前进、后退逻辑设计如图 5-10 所示。

当 前一页 .被点击
执行 调用 Web浏览框1 .后退
当 后一页 .被点击
执行 调用 Web浏览框1 .前进

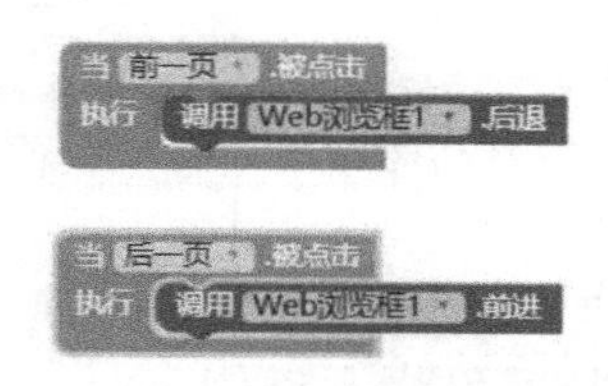

图 5-10 网页前进、后退逻辑设计

【注意】如果当前页是第一页或最后一页，点击“前一页”或“后一页”就没有意义了，为此需要对当前页面状态进行检查，只有当页面存在前进/后退的可能性时才前进/后退。可以添加一个计时器，设置每隔一秒检查一下页面状态，如图 5-11 所示。

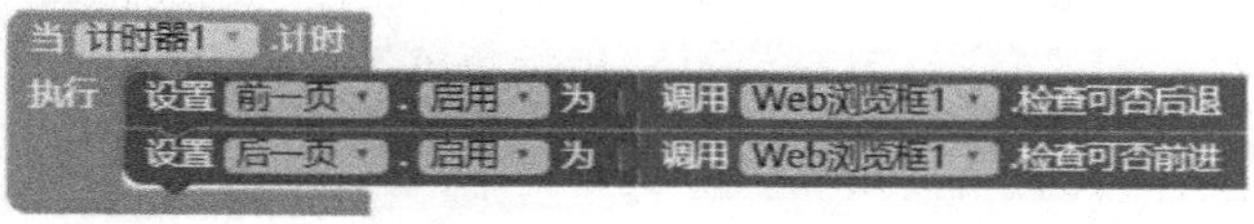

当 计时器1 .计时
执行 设置 前一页 . 启用 为 调用 Web浏览框1 .检查可否后退
设置 后一页 . 启用 为 调用 Web浏览框1 .检查可否前进

图 5-11　计时器检查页面状态逻辑设计

4. 连接测试

5.2.5　知识链接

在前面设计的“简单浏览器”应用程序中增加收藏夹功能。

1. “收藏夹”

增加收藏夹功能需用到以下组件。

（1）按钮：添加收藏，显示收藏夹。

（2）对话框：成功添加网页到收藏夹时的提示界面。

（3）列表选择框：当点击“显示收藏夹”按钮时，会弹出相应列表让用户选择。

（4）微数据库：储存网页名称和地址的列表。

（5）计时器：定时检查网页状态，控制收藏夹功能的启用。

具有收藏夹功能的“简单浏览器”的设计界面如图 5-12 所示。

图 5-12　具有收藏夹功能的“简单浏览器”的设计界面

2. 组件设计

具有“收藏夹”功能的“简单浏览器”的组件如表 5-3 所示。

表 5-3　具有“收藏夹”功能的“简单浏览器”的组件

组　件	所属面板	命　名	作　用	属性名	属性值
按钮	用户界面	添加收藏	触碰按钮可将网页添加到收藏夹	文本	添加到收藏夹
		显示收藏夹	触碰按钮可打开收藏夹	文本	显示收藏夹
微数据库	数据存储	微数据库 1	本地储存数据	—	—
列表选择框	用户界面	列表选择框 1	当点击“显示收藏夹”按钮时，会弹出相应列表让用户选择	可见性	不可见
对话框	用户界面	对话框 1	显示网页成功收藏的消息	—	—

3. 逻辑设计

收藏夹中保存的网页信息一般包含网页名称和网页地址两种数据。但这些数据可能因用户的需要发生动态变化，这时可以使用“数据库”组件来实现“收藏夹”内部数据的保存和读取。

App Inventor 2.0 提供了两个便于操作的“数据库”组件：“微数据库”和“网络微数据库”。

“微数据库”用于直接在 Android 设备上永久保存数据，适用于比较私密的应用程序，这类应用程序不能让数据在不同设备及人群之间共享。

“网络微数据库”则将数据保存到 Web 数据库中。具体是先将数据保存在连通了网络的服务器上，再以 Web 查询接口的方式访问服务器上的数据资源，实现不同设备之间的共享。

本项目网页信息的保存使用微数据库即可。

该项目逻辑设计的具体步骤如下。

（1）创建两个列表，分别保存网页名称和网页地址，并将列表存储于微数据库中。当网页名称和网页地址保存完成后，对话框提示“成功加入收藏夹”。

【注意】一个应用程序只能使用一个微数据库，且不能出现相同的标签。

（2）使用收藏的网址浏览网页。具体逻辑设计如图 5-13 所示。

当 显示收藏夹 .被点击
执行 调用 列表选择框1 .打开选框
当 列表选择框1 .准备选择
执行 设置 列表选择框1 . 元素 为 取 global 网页名称们
当 列表选择框1 .选择完成
执行 调用 Web浏览框1 .访问网页
URL网址 选择列表 取 global 网页地址们
中索引值为 列表选择框1 . 选中项索引
的列表项

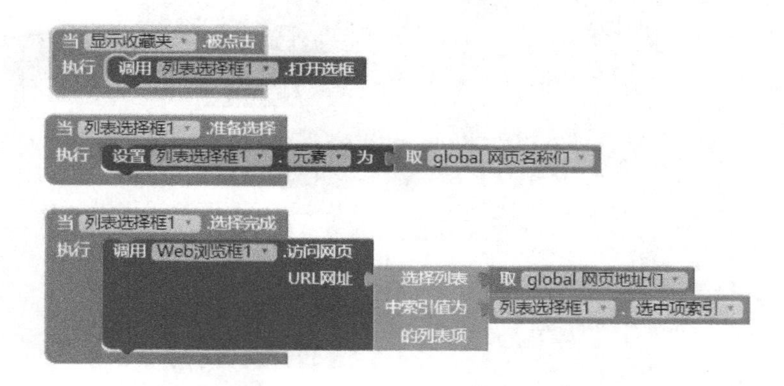

图 5-13　使用收藏的网址浏览网页逻辑设计

如果收藏夹中没有数据（收藏的网页信息），打开收藏夹就没有意义。可以通过计时器启动打开收藏夹的功能，检测收藏夹中收藏的内容。具体逻辑设计如图 5-14 所示。

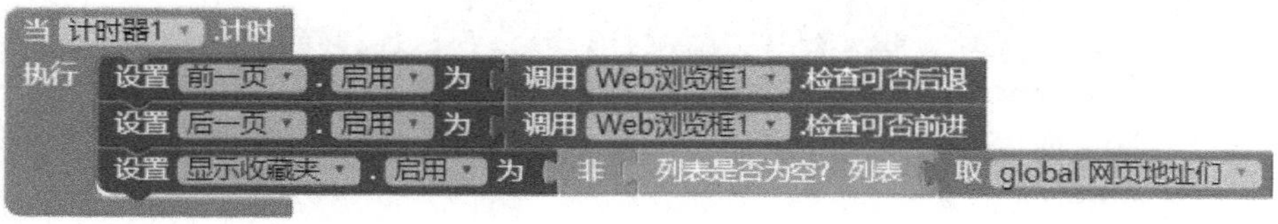

当 计时器1 .计时
执行 设置 前一页 . 启用 为 调用 Web浏览框1 .检查可否后退
设置 后一页 . 启用 为 调用 Web浏览框1 .检查可否前进
设置 显示收藏夹 . 启用 为 非 列表是否为空? 列表 取 global 网页地址们

图 5-14　检测收藏夹逻辑设计

在正常使用过程中，如果收藏夹中已有网页地址，则可随时调出使用，如果没有，则需要建立两个空列表，为以后保存网页名称和网页地址做准备。具体逻辑设计如图 5-15 所示。

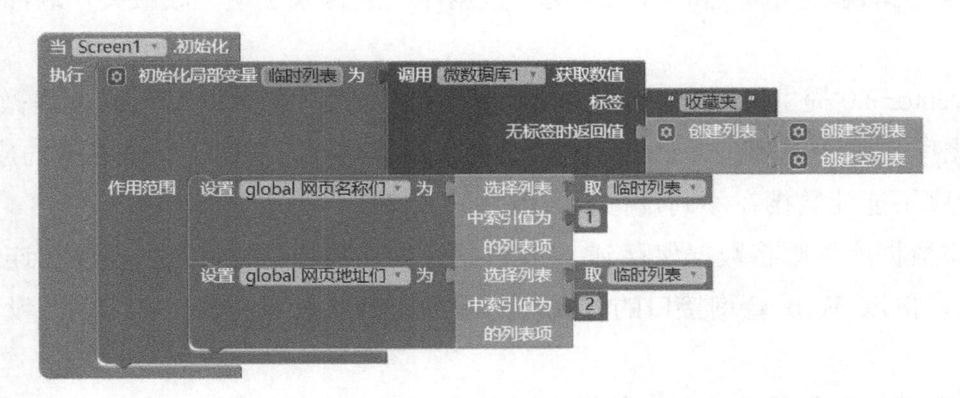

图 5-15　初始化逻辑设计

（3）具有收藏夹功能的“简单浏览器”的完整逻辑设计如图 5-16 所示。

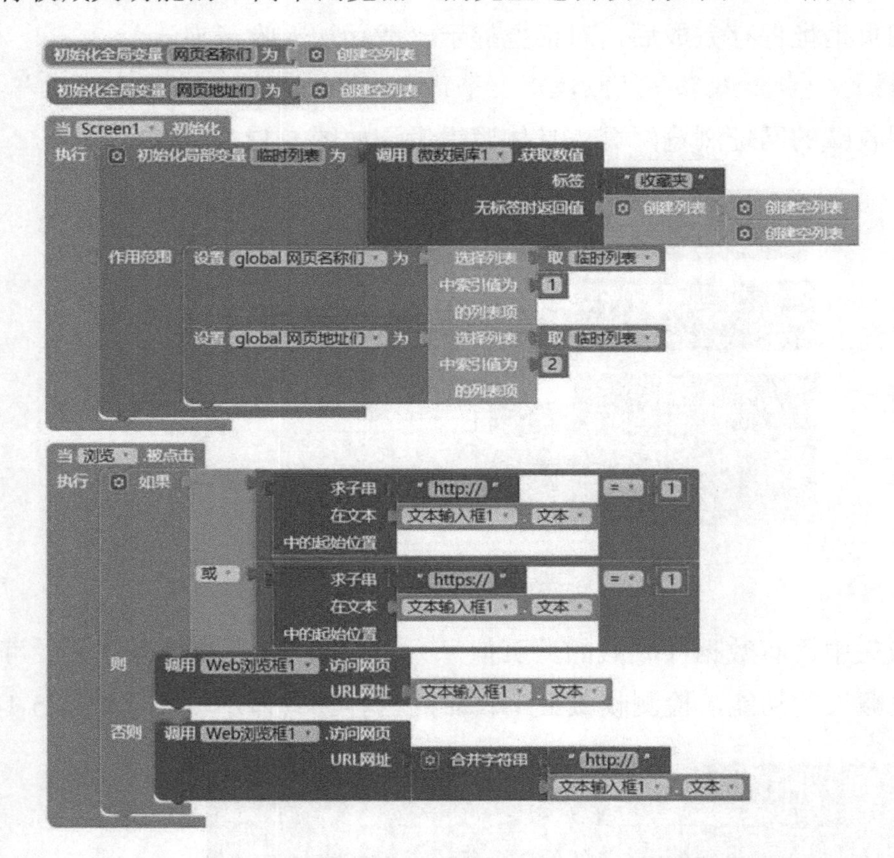

图 5-16　具有收藏夹功能的“简单浏览器”的完整逻辑设计

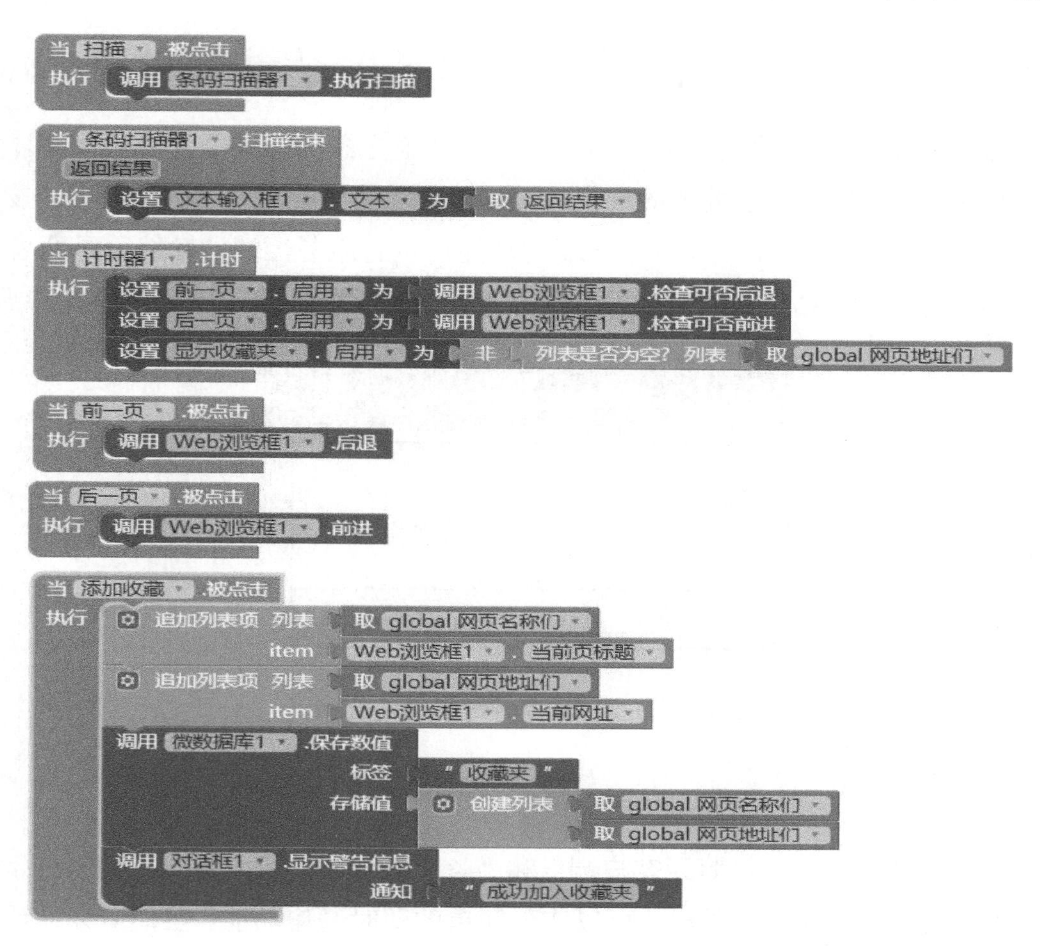

图 5-16　具有收藏夹功能的“简单浏览器”的完整逻辑设计（续）

5.3 蓝牙猜拳服务器

蓝牙是一种短距离无线通信的技术规范，它最初的目标是取代现有的计算机、笔记本电脑、手机与键盘、鼠标、耳机等外设的有线电缆连接，蓝牙可传输语音和数据。常见蓝牙设备有蓝牙耳机、蓝牙键盘等。现如今，蓝牙已经成为智能手机的标准配置。手机可以通过蓝牙和各种外设进行通信。例如，连接蓝牙耳机接听电话、连接蓝牙音箱外放音乐、连接汽车导航等。

本节通过设计一个“蓝牙猜拳服务器”应用程序，学习如何利用 App Inventor 2.0 的蓝牙通信组件实现信息发送、信息接收及信息处理的方法与手段。

5.3.1 任务分析

利用 App Inventor 2.0 蓝牙通信组件设计一个“蓝牙猜拳服务器”应用程序，并以此作为参与游戏双方通信与信息处理的一个终端，实现“猜拳游戏”中出拳信息的发送、接收与处理。“蓝牙猜拳服务器”既有客户端的功能，也有服务器端的功能，是两者功能的整合，这种模式被称为 C/S（客户端/服务器）。“蓝牙猜拳服务器”界面如图 5-17 所示。

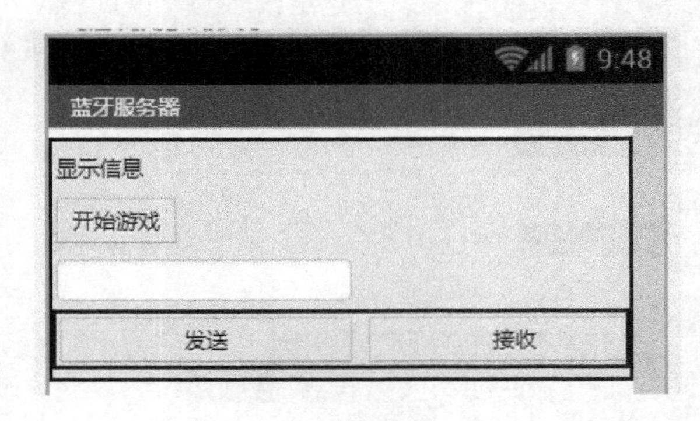

图 5-17 “蓝牙猜拳服务器”界面

5.3.2 相关知识

App Inventor 2.0 提供了“蓝牙客户端”和“蓝牙服务器”两个蓝牙通信组件，当两个游戏参与者分别使用这两个组件时，可以实现简单的即时通信功能。虽然蓝牙通信组件可以接收数据，但只是简单地对数据进行存储，并不会主动通知用户有新消息存在。因此，用户只能通过定时查看的方式，以获悉是否有新消息存在，若有则自行接收。

5.3.3 任务目标

- 会使用蓝牙服务器实现蓝牙对接。
- 能按需要准备素材及导入素材。
- 会使用 AI 伴侣调试应用程序或将应用程序下载到 Android 手机进行调试。

5.3.4 任务实施

1. 新建项目

在 App Inevntor 2.0 平台中，单击界面左上角的“新建项目”按钮（或单击“项目”→“新建项目”菜单命令），在弹出的“新建项目”对话框中输入项目名称“BlueServer”，单击“确定”按钮建立项目。

2. 组件设计

（1）“蓝牙猜拳服务器”的组件列表如图 5-18 所示。

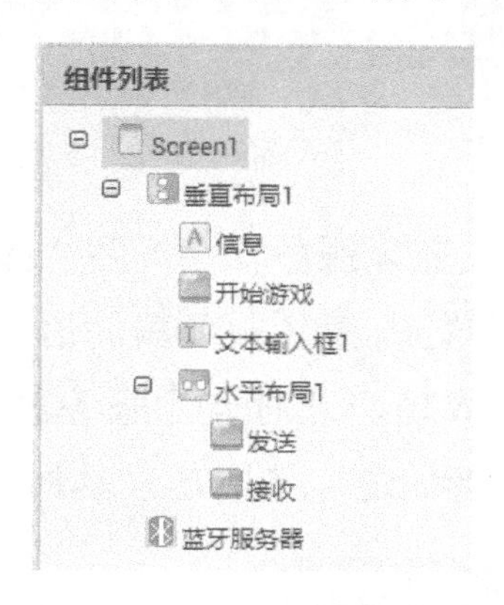

图 5-18 “蓝牙猜拳服务器”的组件列表

（2）“蓝牙猜拳服务器”的组件如表 5-4 所示。

表 5-4 “蓝牙猜拳服务器”的组件

组　件	所属面板	命　名	作　用	属性名	属性值
Screen	用户界面	Screen1	显示屏幕	应用说明	蓝牙猜拳服务器
垂直布局	界面布局	垂直布局 1	实现内部组件自上而下的垂直排列	—	—
水平布局	界面布局	水平布局 1	实现内部组件自左而右的水平排列	—	—
标签	用户界面	信息	用于显示蓝牙客户端状态信息	文本	显示信息
文本输入框	用户界面	文本输入框 1	用户输入要发送的内容	文本	—
按钮	用户界面	开始游戏	触碰按钮，蓝牙服务器开始接受连接	—	—
		发送	触碰按钮可用蓝牙服务器发送文本输入框中的文本	—	—
		接收	触碰按钮接收蓝牙客户端的文本	—	—
蓝牙服务器	通信连接	蓝牙服务器 1	提供蓝牙服务器连接	—	—

3. 逻辑设计

（1）在“蓝牙猜拳服务器”界面中点击“开始游戏”按钮，程序指挥蓝牙服务器开始接收连接，此时信息标签显示“等待客户端连接”。具体逻辑设计如图 5-19 所示。

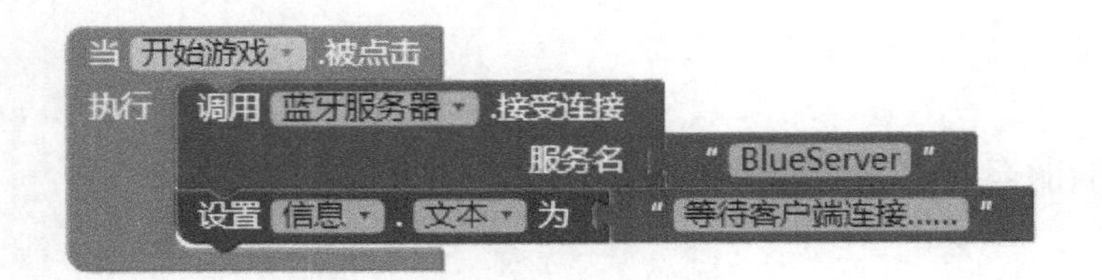

图 5-19 “开始游戏”事件逻辑设计

（2）当客户端连接服务器时，蓝牙服务器会产生“接收连接”事件。此时信息标签显示“客户端已连接”，该信息将发送到 蓝牙服务器的信息标签中，蓝牙服务器持有者便知道蓝牙客户端与蓝牙服务器连接成功，此时蓝牙服务器向蓝牙客户端发回“服务器已连接”的信息，让蓝牙客户端持有者知道连接成功。具体逻辑设计如图 5-20 所示。

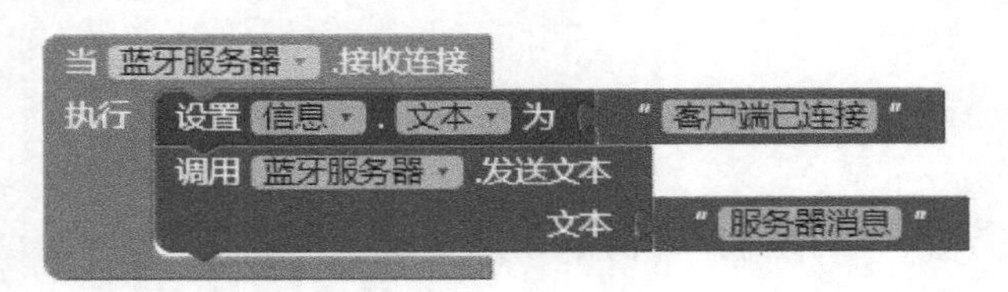

图 5-20 “接收连接”事件逻辑设计

（3）发送信息。使用文本输入框组件可以编辑、发送文字，在“蓝牙猜拳服务器”界面中的文本输入框中完成文字内容的编辑。点击“发送”按钮，文本输入框中的文本便会发送到蓝牙客户端。具体逻辑设计如图 5-21 所示。

图 5-21 “发送信息”事件逻辑设计

（4）接收信息。在“蓝牙猜拳服务器”界面中点击“接收”按钮可接收对方发来的信息，但接收前要检测两个条件，一是蓝牙服务器的连接状态，二是接收字节数。只有连接正常，蓝牙服务器才能接收信息，接收字节数大于 0 表示有数据需要接收。具体逻辑设计如图 5-22 所示。

图 5-22 “接收信息”事件逻辑设计

5.3.5 项目拓展

（1）在服务器端增加一个文本标签，命名为“对方出拳”。用计时器代替“接收”按钮，间隔指定的时间去接收信息，以达到自动接收信息的效果。将接收到的信息显示在“对方出拳”文本标签上。

（2）在服务器端增加一个文本标签，命名为“我的出拳”。增加三个按钮，分别为“剪刀”“石头”“布”。点击相应按钮时，将按钮名称显示在 “我的出拳”文本标签上。点击“剪刀”按钮，“我的出拳”文字标签显示“剪刀”；点击“石头”按钮，“我的出拳”标签文字显示“石头”；点击“布”按钮，“我的出拳”标签文字显示“布”。

（3）点击“发送”按钮，使用蓝牙服务器发送“我的出拳”文本标签中的文字。

（4）在服务器端增加一个条件控制指令，用来判断“对方出拳”和“我的出拳”，按游戏规则判断谁胜出。游戏规则为剪刀胜布、布胜石头、石头胜剪刀，相同为平局。

（5）在服务器端增加图形界面。即增加表示剪刀、石头和布的图形。

5.3.6 知识链接

“蓝牙”（Bluetooth）原为一位在 10 世纪统一丹麦的国王，他将当时的瑞典、芬兰与丹麦统一起来。用他的名字来命名这种新的技术标准，含有将四分五裂的局面统一起来的意思。蓝牙技术使用高速跳频（Frequency Hopping，FH）和时分多址（Time Divesion Muli Access，TDMA）等先进技术，在近距离内以最廉价的方式将几台数字设备（移动设备、固定通信设备、计算机及其终端设备、数字数据系统，甚至各种家用电器、自动化设备等）呈网状连接起来。

5.4 蓝牙猜拳客户端

客户端是申请服务的一端。服务器要先运行，等待客户端的连接。在客户端成功连接服务器后，双方进行通信，即可同时发送和接收数据。

5.4.1 任务分析

设计一个“蓝牙猜拳客户端”应用程序，客户端通过蓝牙客户端组件实现蓝牙通信，在文本输入框中输入文本；“文本标签”显示接收到的信息；“列表选择框”用来选择要连接的蓝牙设备；通过点击“发送”或“接收”按钮发送或接收信息。“蓝牙猜拳客户端”界面如图 5-23 所示。

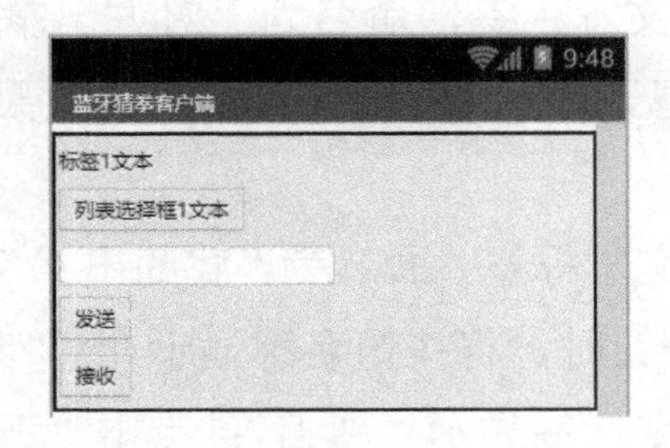

图 5-23 “蓝牙猜拳客户端”界面

5.4.2 相关知识

蓝牙的连接过程：在手机 A 和手机 B 的设置选项中开启蓝牙设备。手机 A 启动蓝牙服务器后，手机 B 搜索周围的蓝牙服务器，选择并连接手机 A 的蓝牙服务器。在设计蓝牙客户端应用程序中，列表选择框的功能是将从周围搜索到的蓝牙服务器列出来，让用户选择。用户选择后，就可以连接了。

5.4.3 任务实施

1. 新建项目

在 App Inevntor 2.0 平台中，单击界面左上角的“新建项目”按钮（或单击“项目”→“新建项目”菜单命令），在弹出的“新建项目”对话框中输入项目名称“BlueClient”，单击“确定”按钮建立项目。

2. 组件设计

（1）“蓝牙猜拳客户端”的组件列表如图 5-24 所示。

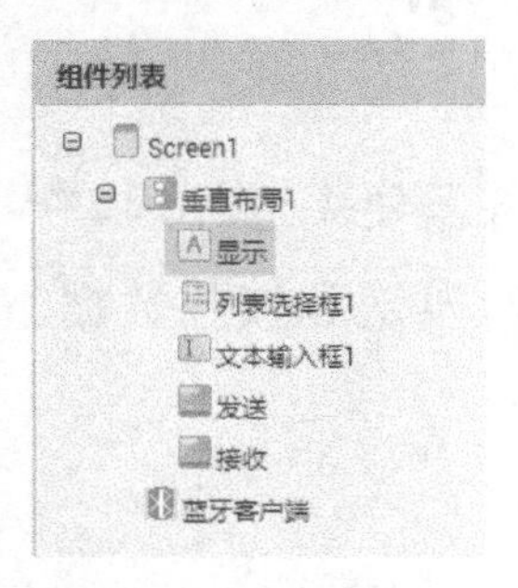

图 5-24 “蓝牙猜拳客户端”的组件列表

（2）“蓝牙猜拳客户端”的组件如表 5-5 所示。

表 5-5 “蓝牙猜拳客户端”的组件

组　件	所属面板	命　名	作　用	属性名	属性值
Screen	用户界面	Screen1	显示屏幕	应用说明	蓝牙猜拳客户端
垂直布局	界面布局	垂直布局 1	实现内部组件自上向下的垂直排列	—	—
水平布局	界面布局	水平布局 1	实现内部组件自左向右的水平排列	—	—
标签	用户界面	显示	用于显示蓝牙客户端接收到的文本	文本	—
列表选择框	用户界面	列表选择框 1	提供周围蓝牙设备的地址和名称信息	—	—
文本输入框	用户界面	文本输入框 1	用户输入要发送的内容	文本	—
按钮	用户界面	发送	触碰按钮可用蓝牙服务器发送文本输入框中的文本	—	—
		接收	触碰按钮接收蓝牙客户端的文本	—	—
蓝牙客户端	通信连接	蓝牙客户端 1	提供蓝牙使用支持	—	—

3. 逻辑设计

（1）设置“列表选择框”，点击“列表选择框 1”按钮，将周围蓝牙设备的地址和名称设置为列表选择框中的元素，以便用户选择。具体逻辑设计如图 5-25 所示。

图 5-25 “列表选择框”逻辑设计

（2）用户选择蓝牙设备后，会发生“选择完成”事件。在这个事件中，程序连接选定的蓝牙设备。如果连接成功，则显示“已连接服务器”，这时蓝牙服务器的持有者就知道蓝牙客户端已连接蓝牙服务器。然后检查蓝牙客户端持有者是否有信息需要接收，接收字节数大于 0 表示有信息需要接收，此时点击“接收”按钮，信息内容就会显示出来。具体逻辑设计如图 5-26 所示。

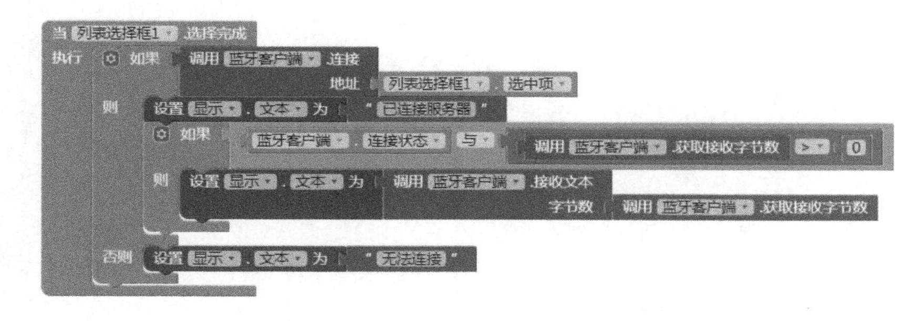

图 5-26 “选择完成”事件逻辑设计

（3）点击“发送”按钮可以将蓝牙客户端的文本输入框中输入的内容发送到蓝牙服务器。具体逻辑设计如图 5-27 所示。

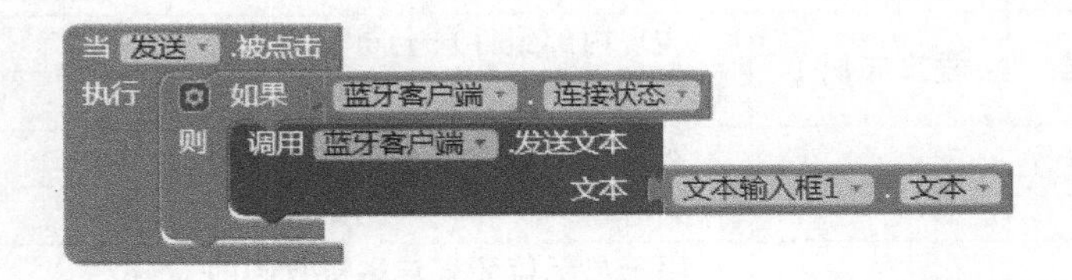

图 5-27 “发送”按钮逻辑设计

（4）点击“接收”按钮，先检测蓝牙客户端的连接状态。如果已连接，而且接收字节数大于 0，蓝牙客户端就会接收文本内容，并在文本标签中显示出来。具体逻辑设计如图 5-28 所示。

图 5-28 “接收”按钮逻辑设计

游戏制作

App Inventor 2.0 可以开发各种有趣的小游戏，对于利用智能终端开展移动学习具有重要意义。下面将介绍两个常见游戏的开发方法和操作过程。

6.1 河马拔牙游戏

6.1.1 任务分析

有一种鲨鱼玩具，当按下某个鲨鱼牙齿（随机设定）时，鲨鱼的嘴就会闭合。按照这个玩具的理念来设计“河马拔牙”游戏 App。“河马拔牙”界面如图 6-1 所示。

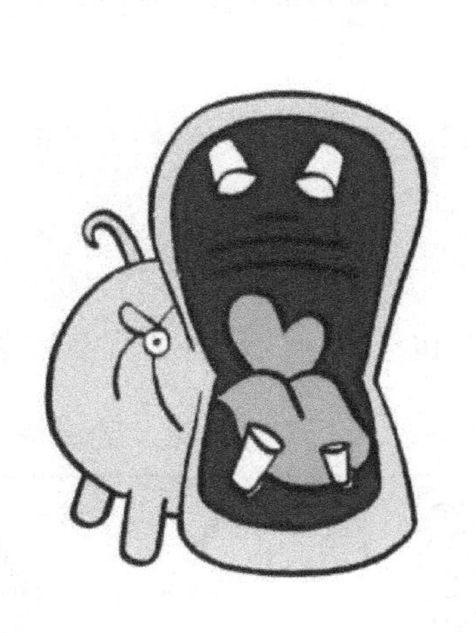

图 6-1　“河马拔牙”界面

本游戏适合 2 或 3 人进行，当用户点击河马的正常牙齿时，该牙齿被拔除；当点击河马的陷阱牙齿（程序设定）时，输掉游戏，游戏结束。

6.1.2 任务目标

- 会使用画布组件。
- 会使用图像精灵组件。
- 认识音频播放器功能。
- 认识对话框功能。
- 初识定义过程积木。

6.1.3 任务实施

1. 设计流程图

“河马拔牙”的设计流程图如图 6-2 所示。

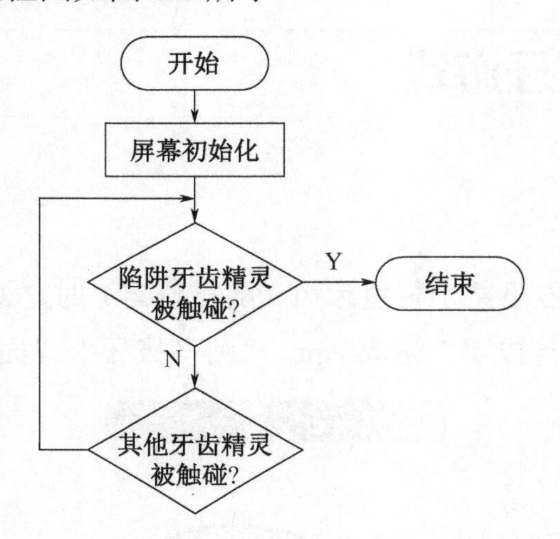

图 6-2 “河马拔牙”的设计流程图

2. 准备素材

本任务需要准备的按钮图标包括河马图标 2 个，牙齿图标 4 个。素材如表 6-1 所示。

表 6-1 “河马拔牙”的素材

文 件						
文 件 名	hema.png	hema2.png	1.png	2.png	3.png	4.png

3. 新建项目

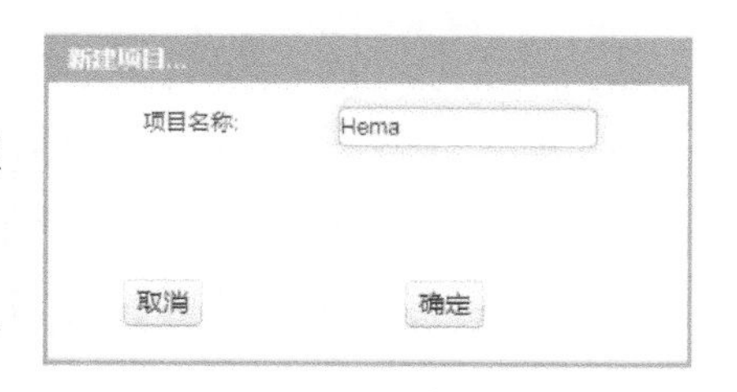

图 6-3 新建项目“Hema”

在 App Inevntor 2.0 平台中，单击界面左上角的“新建项目”按钮（或单击“项目”→“新建项目”菜单命令），在弹出的“新建项目”对话框中输入项目名称“Hema”，单击“确定”按钮建立项目，如图 6-3 所示。

4. 组件设计

本项目除用到“画布”这个主要组件外，还需用到 “图像精灵”、“音频播放器”和“对话框”等非可视组件。具体组件如表 6-2 所示，组件布局效果如图 6-4 所示。

表 6-2 “河马拔牙”游戏的组件

组 件	所属面板	命 名	作 用	属 性 名	属 性 值
Screen	用户界面	Screen1	显示屏幕	应用说明	河马拔牙
				标题	河马拔牙
				水平对齐	居中
				垂直对齐	居中
画布	绘图动画	画布 1	放置图像精灵	高度	384 像素
				宽度	300 像素
				背景图片	hema.png
				画笔颜色	黑色
				文本对齐	居中
图像精灵	绘图动画	图像精灵 1	显示牙齿	图片	1.png
		图像精灵 2	显示牙齿	图片	2.png
		图像精灵 3	显示牙齿	图片	3.png
		图像精灵 4	显示牙齿	图片	4.png
对话框	用户界面	对话框 1	调用用户对话框	—	—
音频播放器	多媒体	音频播放器 1	调用手机音频播放器	—	—

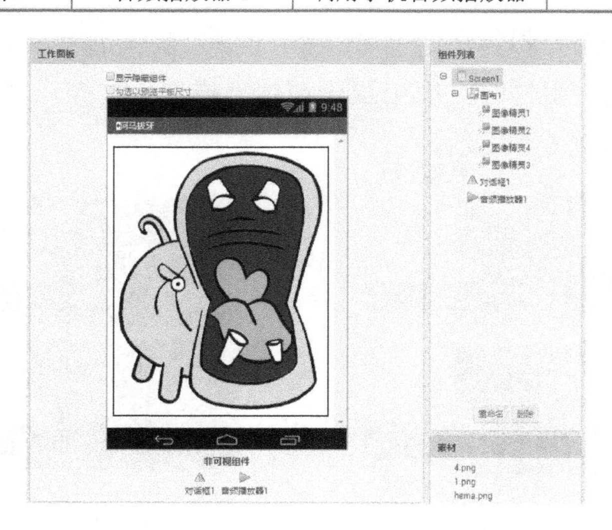

图 6-4 组件布局效果

5. 逻辑设计

单击“逻辑设计”按钮，切换到逻辑设计界面。

（1）“全局变量”逻辑设计。

设计本游戏需要定义两个全局变量。第一个全局变量为“失败者”，用于存放随机设定的陷阱牙齿对象，由于程序要在初始化时选定陷阱牙齿，所以这个变量的初始值为空；第二个全局变量为“牙齿们”，用于存放牙齿列表。具体逻辑设计如图 6-5 所示。

图 6-5　“全局变量”逻辑设计

（2）“屏幕初始化”逻辑设计。

“屏幕初始化”的作用是把 4 个牙齿添加进列表，并随机在 4 个牙齿中选择一个设置为陷阱牙齿。具体逻辑设置如图 6-6 所示。

图 6-6　“屏幕初始化”逻辑设计

（3）“图像精灵”逻辑设计。

当点击“图像精灵”组件时，应用程序调用“拔牙”过程，判断被点击的是否为陷阱牙齿。具体逻辑设计如图 6-7 所示。

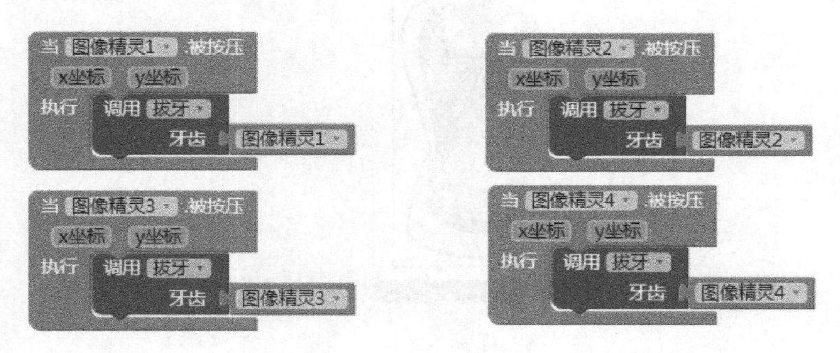

图 6-7　“图像精灵”逻辑设计

（4）“拔牙”过程逻辑设计

如果用户点击的牙齿不是陷阱牙齿，则把该牙齿隐藏，代表已拔除，同时手机发出震动提示，此时游戏可以继续进行，否则更换画布的图片，显示为“失败”的图片，并显示提示信息：“再玩一局”或“退出程序”。具体逻辑设计如图 6-8 所示。

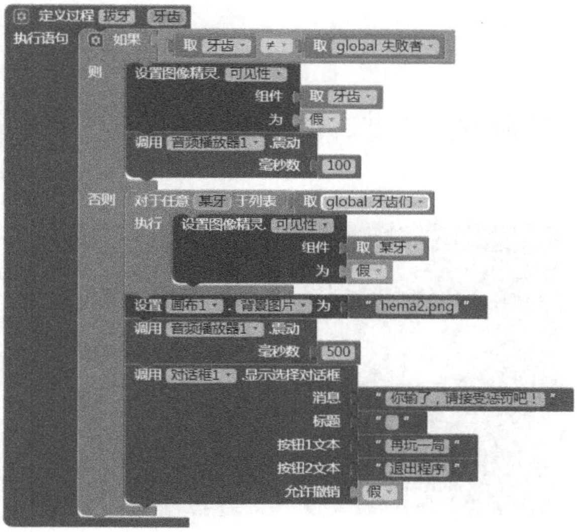

图 6-8 “拔牙”过程逻辑设计

（5）“对话框”逻辑设计。

用户点击“退出程序”按钮，即可退出程序。如果用户点击“再玩一局”按钮，则重新设置“陷阱牙齿”，并显示所有牙齿。具体逻辑设计如图 6-9 所示。

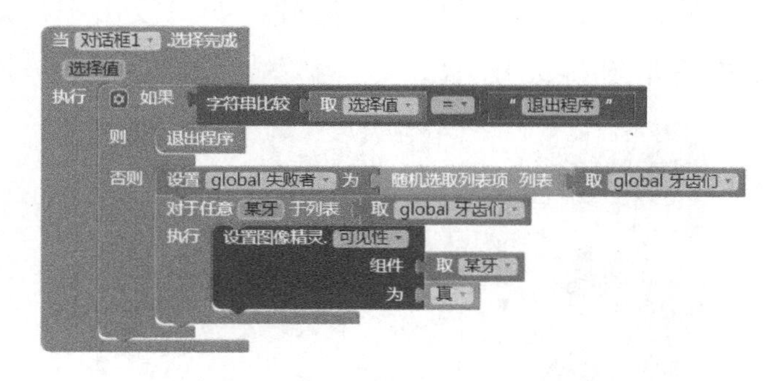

图 6-9 “对话框”逻辑设计

6. 连接测试

6.1.4 知识链接

回顾项目四的知识，“图像精灵”的对象是放置在画布中的动画对象，可以响应触碰和拖动等事件。“图像精灵”属性如表 4-19 所示，代码块如表 4-20 所示。

6.2 打地鼠

6.2.1 任务分析

“打地鼠”是一款经典的游戏，通过击打从地洞中冒出的地鼠得分。“打地鼠”界面如图 6-10 所示。

图 6-10 “打地鼠”界面

本任务要求能够通过点击“新游戏”按钮进入游戏，击中从地洞中冒出的地鼠获得积分。点击“设置”按钮可以设置游戏音量，点击“游戏说明”按钮可以查看游戏说明。

在用户点击地鼠获得积分这一环节时，应呈现这样的效果：应用程序随机出现地鼠，用户击中地鼠后，系统会发出提示声，同时获得加分。如果没击中，则会被扣分，当积分为 0 时游戏结束。运行效果如图 6-11 所示。

图 6-11 运行效果

6.2.2 任务目标

- 会设置多个活动界面。

- 会使用画布的图像精灵功能。
- 认识数据库功能。
- 认识计时器功能。
- 熟悉定义过程积木。

6.2.3 任务实施

1. 设计流程图

“打地鼠”游戏设计流程图如图 6-12 所示。

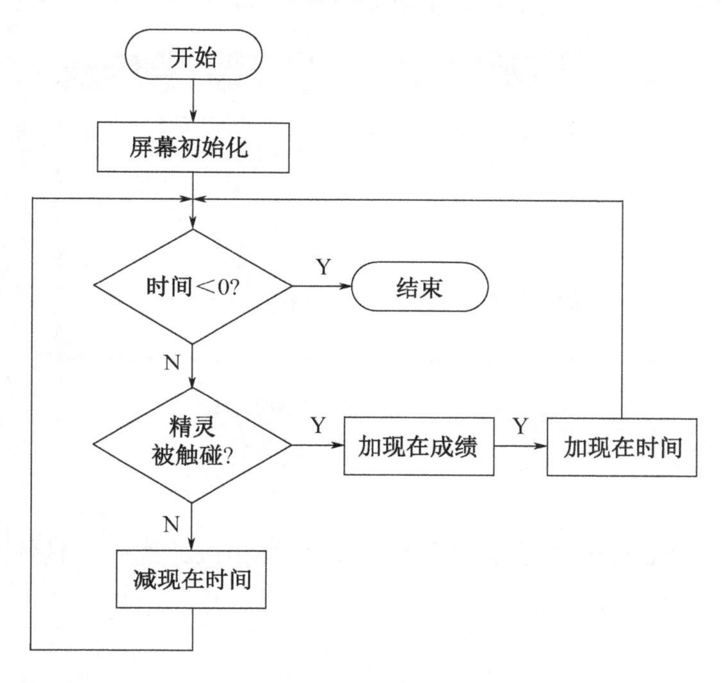

图 6-12 “打地鼠”游戏设计流程图

2. 准备素材

本任务需要准备的素材如表 6-3 所示。

表 6-3 “打地鼠”的素材

文件				
文件名	Home.jpg	New.jpg	Setting.jpg	Info.jpg

续表

文 件				—
文件名	Back.jpg	Hole.jpg	Mole.jpg	Mouse.mp3

3. 新建项目

在 App Inevntor 2.0 平台中，单击界面左上角的“新建项目”按钮（或单击“项目”→“新建项目”菜单命令），在弹出的“新建项目”对话框中输入项目名称“HitMole”，单击“确定”按钮建立项目，如图 6-13 所示。

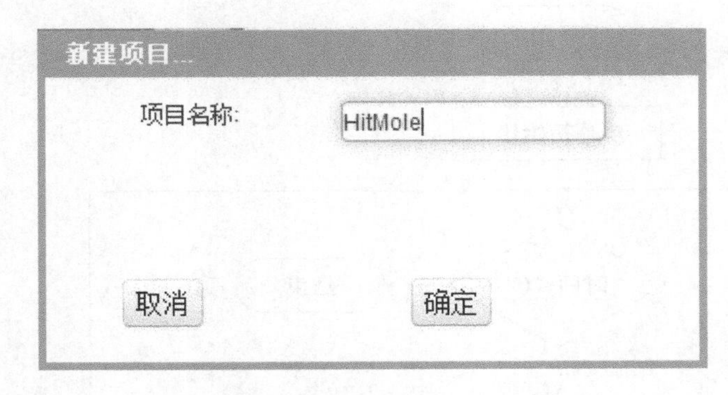

图 6-13 新建项目“HitMole”

4. 组件设计

本项目的屏幕 1（Screen1）需用到垂直布局组件和按钮组件。具体组件如表 6-4 所示，组件布局效果如图 6-14 所示。

表 6-4 屏幕 1 的组件

组 件	所属面板	命 名	作 用	属性名	属性值
Screen	用户界面	Screen1	显示屏幕	水平对齐	居右
				垂直对齐	居中
				应用说明	打地鼠
				背景图片	Home.png
				屏幕方向	锁定横屏
				标题展示	不打勾
垂直布局	界面布局	垂直布局 1	放置按钮	背景颜色	透明
				宽度	200 像素
按钮	用户界面	按钮 1	开始游戏	图像	new.png
按钮	用户界面	按钮 2	进入设置	图像	setting.png
按钮	用户界面	按钮 3	进入游戏说明	图像	info.png

图 6-14 组件布局效果

本项目的屏幕 2（Screen2）需用到水平布局组件、画布组件、计时器组件、音频播放器组件和微数据库组件。具体组件如表 6-5 所示，组件布局效果如图 6-15 所示。

表 6-5 屏幕 2 的组件

组 件	所属面板	命 名	作 用	属 性 名	属 性 值
Screen	用户界面	Screen2	显示屏幕	背景图片	Back.png
				屏幕方向	锁定横屏
				标题展示	不打勾
水平布局	界面布局	水平布局 1	放置按钮		全用默认值
标签	用户界面	标签 1	显示成绩	文本	积分：0
标签	用户界面	标签 2	显示时间	文本	计时：0 秒
画布	绘图动画	画布 1	放置精灵	高度	充满
				宽度	充满
图像精灵	绘图动画	图像精灵 1	显示地鼠图片	间隔	100
				图片	hole.png
图像精灵	绘图动画	图像精灵 2	显示地鼠图片	间隔	100
				图片	hole.png
图像精灵	绘图动画	图像精灵 3	显示地鼠图片	间隔	100
				图片	hole.png
图像精灵	绘图动画	图像精灵 4	显示地鼠图片	间隔	100
				图片	hole.png
图像精灵	绘图动画	图像精灵 5	显示地鼠图片	间隔	100
				图片	hole.png
计时器	传感器	计时器 1	地鼠定时出现	计时间隔	400
计时器	传感器	计时器 2	记录游戏时间	计时间隔	1 000
音频播放器	多媒体	音频播放器 1	播放音频	源文件	mouse.mp3
				音量	50
微数据库	数据存储	微数据库 1	保存成绩	—	—

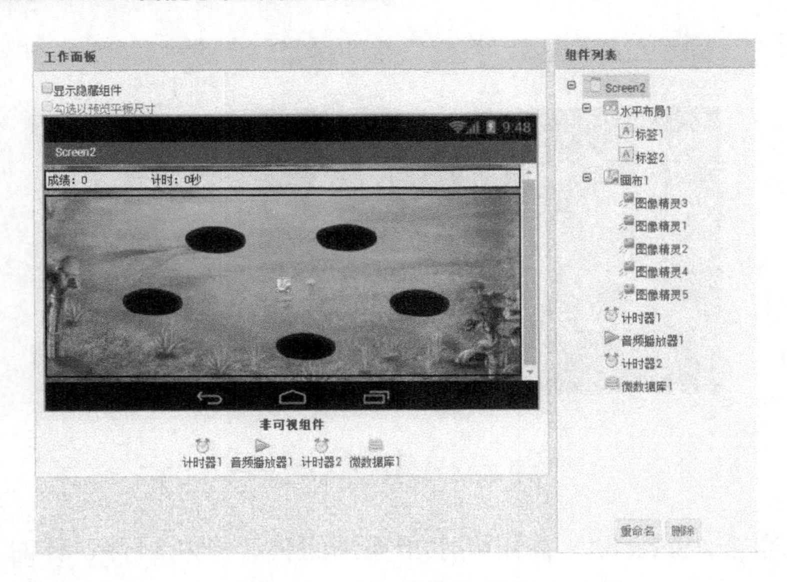

图 6-15　组件布局效果

本项目屏幕 3（Screen3）需用到标签组件、滑动条组件、和微数据库组件。具体组件如表 6-6 所示，组件布局效果如图 6-16 所示。

表 6-6　屏幕 3 的组件

组　件	所属面板	命　名	作　用	属性名	属性值
Screen	用户界面	Screen3	放置所需组件	背景图片	Back.png
标签	用户界面	标签 1	显示信息	文本	游戏音量
标签	用户界面	标签 2	显示音量信息	文本	50
滑动条	用户界面	滑动条 1	控制音量	滑块位置	50
微数据库	数据存储	微数据库 1	保存音量信息	—	—

图 6-16　组件布局效果

本项目的屏幕 4（Screen4）需用到标签组件。具体组件如表 6-7 所示，组件布局效果

如图 6-17 所示。

表 6-7　屏幕 4 的组件

组　　件	所属面板	命　　名	作　　用	属 性 名	属 性 值
Screen	用户界面	Screen4	放置所需组件	背景图片	Back.png
标签	用户界面	标签 1	显示信息	文本	—

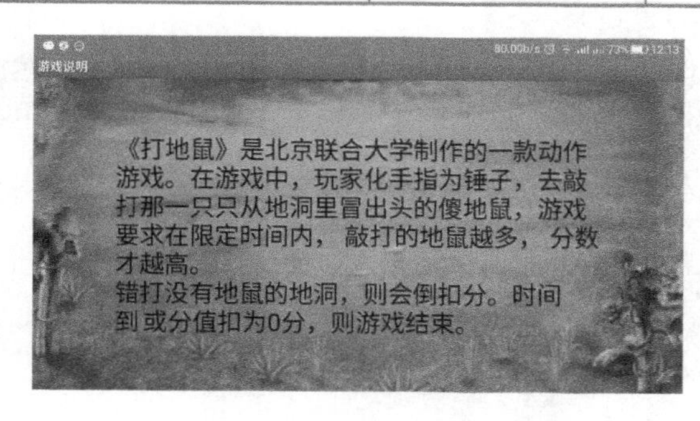

图 6-17　组件布局效果

5. 逻辑设计

单击“逻辑设计”按钮，切换到逻辑设计界面。

（1）地鼠出洞逻辑设计。

初始化“精灵们”和“老鼠洞”两个全局变量。具体逻辑设计如图 6-18 所示。

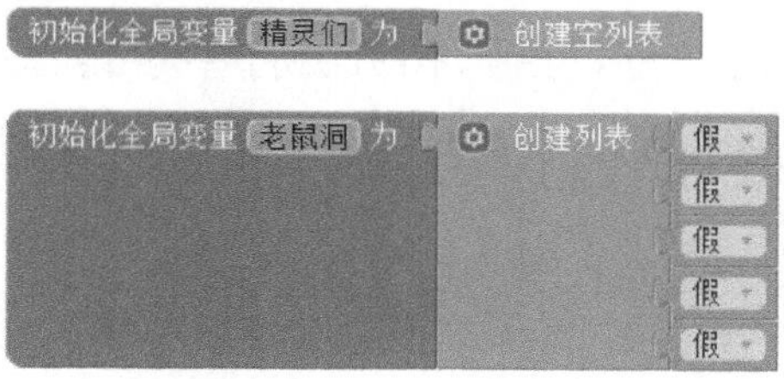

图 6-18　地鼠出洞逻辑设计

对 Screen2 进行初始化，设置五个图像精灵，并初始化音量。具体逻辑设计如图 6-19 所示。

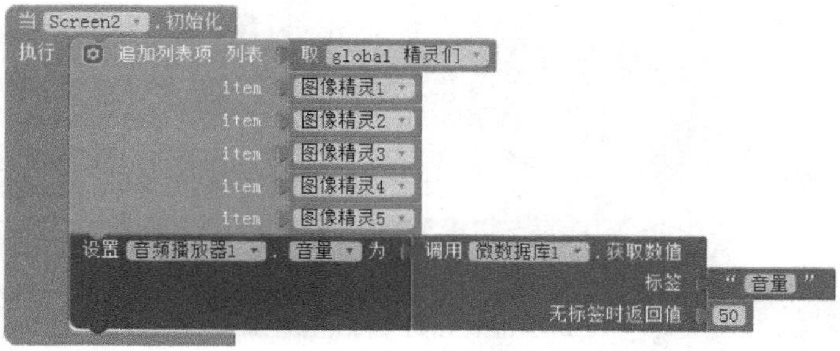

图 6-19　屏幕初始化逻辑设计

设置计时器 1：当计时器工作时，设置一个局部变量并取随机数。当随机数等于某个设定值时，利用图像精灵设置显示地鼠图片，否则显示地鼠洞图片。具体逻辑设计如图 6-20 所示。

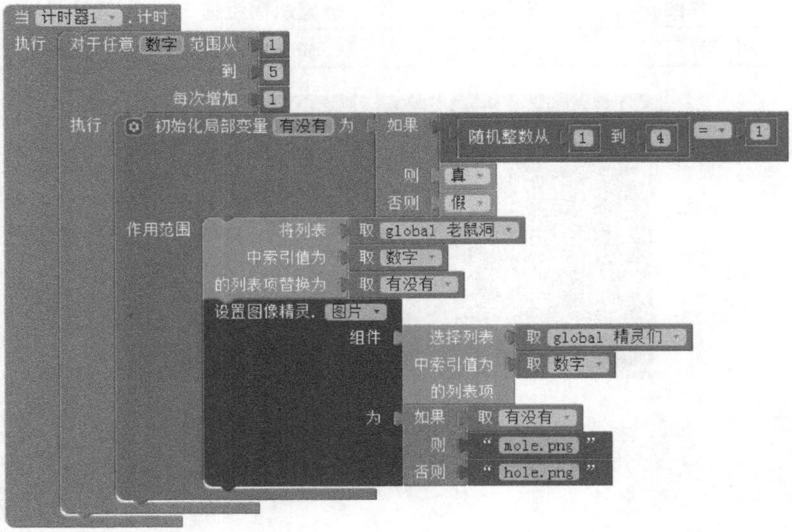

图 6-20　计时器逻辑设计

（2）击打地鼠逻辑设计。

地鼠被击打就是图像精灵被按压。定义一个过程，命名为“打地鼠”，判断击打的地鼠洞中有没有地鼠，有地鼠则加分，否则扣分。打中了地鼠手机会震动，同时显示成绩。随着游戏的进行，地鼠出现的间隔时间会越来越短。具体逻辑设计如图 6-21 所示。

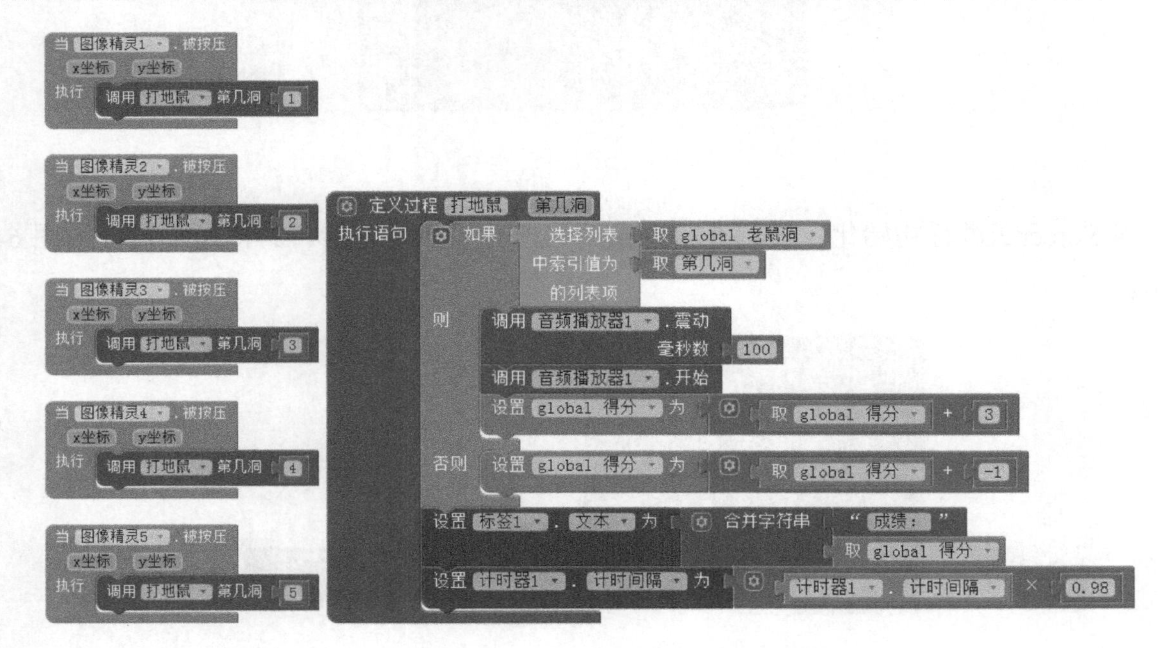

图 6-21　击打地鼠逻辑设计

图 6-21　击打地鼠逻辑设计（续）

（3）音量调节逻辑设计。

当滑动条改变时，设置对应的音量。具体逻辑设置如图 6-22 所示。

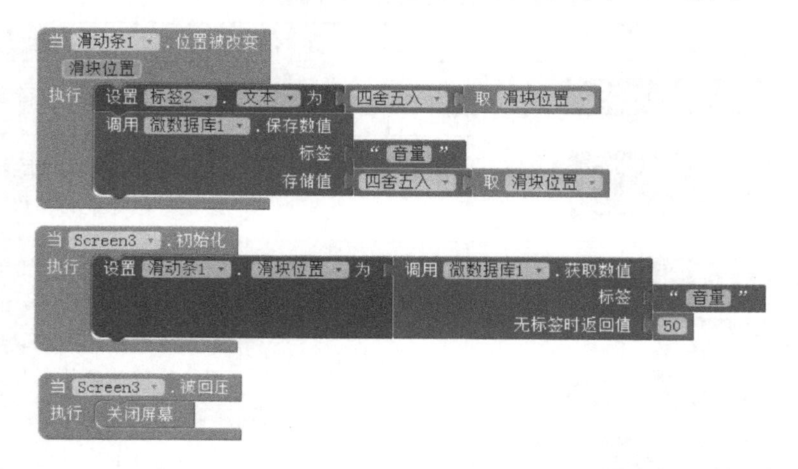

图 6-22　音量调节逻辑设计

（4）游戏说明逻辑设计。

回压后可以关闭屏幕。具体逻辑设置如图 6-23 所示。

（5）主屏幕逻辑设计。

通过点击不同的按钮，打开不同的屏幕。具体逻辑设置如图 6-24 所示。

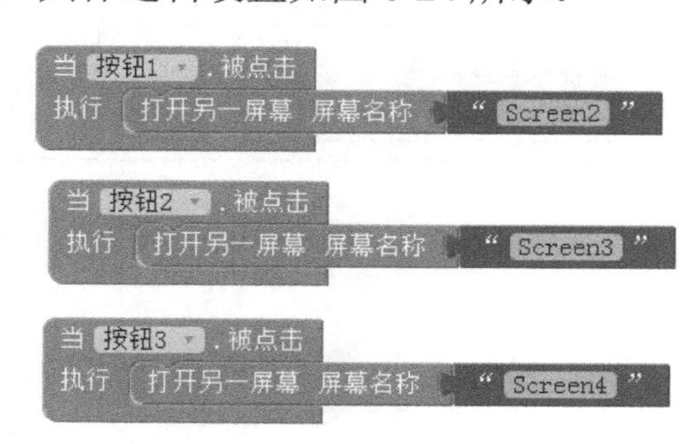

图 6-23　游戏说明逻辑设计

图 6-24　主屏幕逻辑设计

6. 连接测试

6.2.4 知识链接

微数据库是一个非可视组件，用来保存应用程序中的数据。微数据库为应用程序提供永久的数据存储。例如，游戏中保存的最高得分，在每次游戏时都可以读取它。微数据库的属性如表 6-8 所示，代码块如表 6-9 所示。

表 6-8 微数据库的属性

属性名	作用
命名空间	设置数据库命名空间的名称

表 6-9 微数据库的代码块

代码块	类型	作用
调用 微数据库1 .清除所有数据	方法	调用数据库的清除数据的方法
调用 微数据库1 .清除标签数据 标签	方法	调用数据库的清除标签数据方法，需要给定目标标签的参数
调用 微数据库1 .获取标签数据	方法	调用数据库的获取标签数据方法
调用 微数据库1 .获取数值 标签 无标签时返回值 " "	方法	调用数据库的获取数值方法，需要给定目标标签的参数，当无标签时返回指定值
调用 微数据库1 .保存数值 标签 存储值	方法	调用数据库的保存数值方法，需要给定目标标签和存储值的参数
设置 微数据库1 . Namespace 为 ✓ Namespace	赋值	可设置数据库的命名空间
微数据库1 . Namespace ✓ Namespace	返回值	返回数据库的命名空间
微数据库1 ✓ 微数据库1	返回值	返回数据库

物联网“应用”

物联网的出现是继计算机、互联网和移动通信后的又一次信息产业的革命性发展。物联网用途广泛，涉及智能家居、智能交通、环境监测、智能医疗、智能城市、智能电网、智能农业、政府工作、公共安全、工业监测、敌情侦查和情报搜集等多个领域。今天我们来学习一个简单的物联网应用案例：编写一个手机程序控制发光二极管的亮或灭。

7.1 控制发光二极管

7.1.1 任务分析

编写一个手机程序，通过程序控制发光二极管的亮或灭。

7.1.2 相关知识

控制发光二极管的亮或灭是较简单的电路控制，使用单片机连接发光二极管，手机通过网络和单片机通信，由手机上的电路控制程序指挥单片机上的控制组件输出高电平或低电平。当控制组件发出高电平时，二极管呈“亮”的状态；当控制组件发出低电平时，二极管呈“灭”的状态。

单片机相当于一台微型计算机。在一个指甲大小的集成电路芯片中，集成了 CPU、内存和外围电路。单片机广泛应用于各种控制电路中，但是学习传统的单片机编程比较困难。随着单片机技术的发展，一种集成度高、易于上手的单片机出现了，它就是“Arduino”。Arduino 是一款方便上手的开源硬件产品，具有丰富的接口，包括数字 I/O 口、模拟 I/O 口，同时支持 SPI、IIC、UART 串口通信。它能通过各种传感器来感知环境，通过控制灯光、马达和其他装置来反馈、影响环境。它没有复杂的单片机底层代码，没有难懂的汇编，只是简单而实用的函数，而且具有简便的编程环境 IDE，极大的自由度，可拓展性能非常高，标准化的接口模式为它的可持续发展奠定了坚实的基础。但是 Arduino 本身不直接支持网络，需要另外添加网络收发设备。

市场上有一种 Wi-Fi 代码块可以作为 Arduino 的网络收发设备，叫作 NodeMCU 代码块，如图 7-1 所示。

图 7-1　NodeMCU 代码块

NodeMCU 代码块价格亲民，在市场上十几元便可买到。NodeMCU 代码块可以使用 Arduino 软件环境编程，易于使用。综合考虑，本任务选用 NodeMCU 代码块作为控制硬件。

在 App Inventor 2.0 编程中，利用 Web 客户端组件进行网络通信。人们平时浏览网页时，浏览器使用 HTTP 协议向互联网上的 HTTP 服务器发出浏览请求，HTTP 服务器按要求返回对应内容。浏览器收到返回的内容后，显示出来，用户就看到了网页的内容，如图 7-2 所示。App Inventor 2.0 的 Web 客户端组件是简化的浏览器，它使用 HTTP 发出浏览请求，并接收返回的内容。

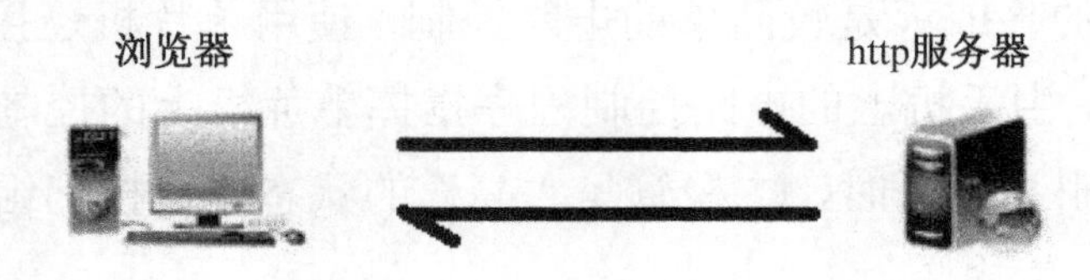

图 7-2　HTTP 服务器和浏览器通信

本任务介绍的“应用”，是使用 Web 客户端组件，将数据发送给 HTTP 服务器，HTTP 服务器根据收到的指令控制连接的发光二极管。本任务所介绍的 HTTP 服务器指运行在 NodeMCU 代码块上，负责发送控制指令的程序“应用”。

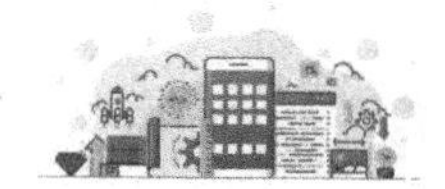

7.1.3 任务实施

1. 硬件准备

（1）安装驱动程序。

市面上有两种 NodeMCU 代码块，区别在于使用 USB 转串口芯片不同。一种使用 CP210x 芯片，另一种使用 CH340 芯片。安装对应的 USB 转串口芯片驱动程序即可正常使用。CP210x 芯片的驱动程序可以从 silabs 公司官网下载，如图 7-3 所示。CH340 芯片的驱动程序可以从江苏沁恒股份有限公司官网下载。示例使用 CP210x 芯片。

安全 | https://www.silabs.com/products/development-tools/software/usb-to-uart-bridge-vcp-drivers
Download for Windows 7/8/8.1/10 (v6.7.5)
Platform
Software
Windows 7/8/8.1/10
Download VCP (5.3 MB) (Default)
Windows 7/8/8.1/10
Download VCP with Serial Enumeration (5.3 MB)
Learn More »
Download for Windows XP/Server 2003/Vista/7/8/8.1 (v6.7)
Platform
Software
Windows XP/Server 2003/Vista/7/8/8.1
Download VCP (3.66 MB)

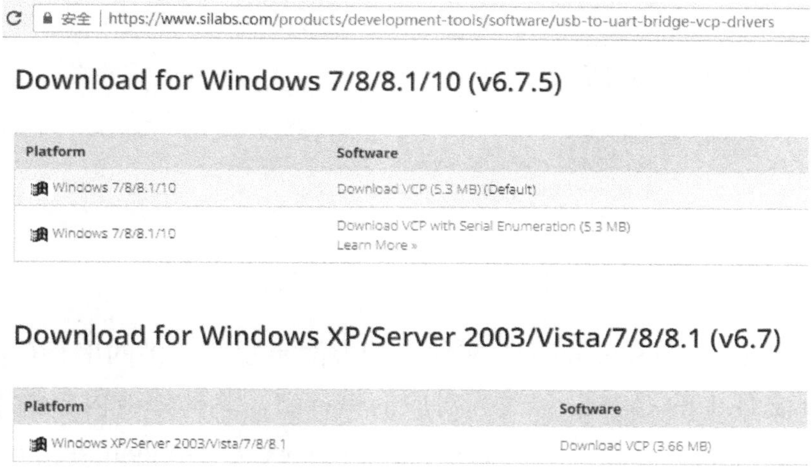

图 7-3　下载 CP210x 芯片驱动程序

根据计算机系统的版本和位数选择下载安装。示例使用 Windows 7 64 位系统，所以下载 64 位驱动程序。驱动程序的内容如图 7-4 所示。

x64
x86
dpinst.xml
slabvcp.cat
slabvcp.inf
SLAB_License_Agreement_VCP_Windows.txt
v6-7-5-driver-release-notes.txt
CP210xVCPInstaller_x64.exe
CP210xVCPInstaller_x86.exe

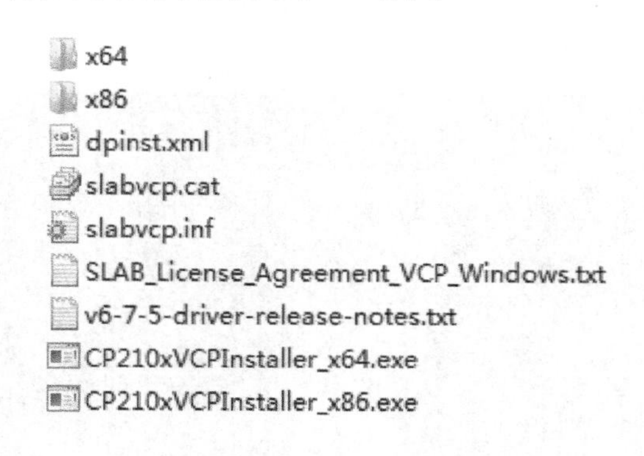

图 7-4 驱动程序的内容

使用 Android 手机 Micro USB 数据线，一头连接 NodeMCU 电路板，另一头连接计算机 USB 接口。如果驱动程序安装正常，硬件连接也正常，则可以在 Windows 系统的“设备管理器”中看到新增加的串行口，如图 7-5 所示，增加的串行口是 COM3。

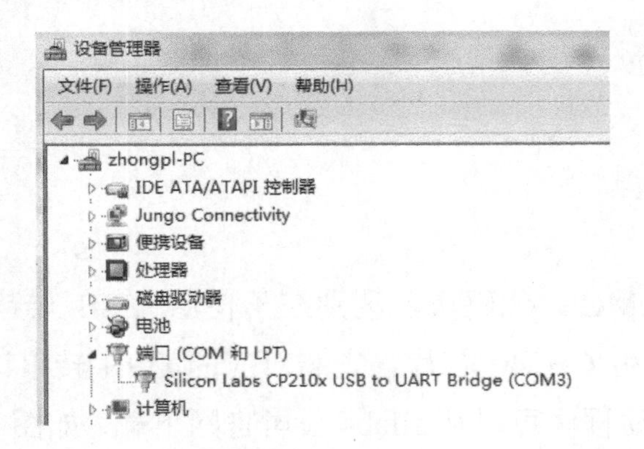

图 7-5　设备管理器

（2）写入固件。

本书提供的软件如图 7-6 所示。

esptool.exe	2016/6/17 6:02	67 KB
myESP8266CarPin.ino.nodemcu.b...	2017/10/26 22:59	311 KB
myNodemcu.bin	2017/10/26 22:59	311 KB
writeFlash.bat	2017/10/27 0:13	1 KB

图 7-6　本书提供的软件

使用记事本打开“writeFlash.bat”文件。若上面步骤中查到的串行口不是 COM3，则将 writeFlash.bat 文件中的 COM3 修改为对应的串行口。具体修改内容如下：

cmd.exe /K esptool.exe-vv-cdck-cb 115200-cp COM3-ca 0x00000-cf myNodemcu.bin

修改后选择保存并退出。

双击运行“writeFlash.bat”文件，立即按住 NodeMCU 电路板上的“flash”键的同时，按“rst”键，等待两秒，先松开“rst”键，再松开“flash”键。让 NodeMCU 电路板进入升级模式，写入固件，如图 7-7 所示。

```
命令提示符 - writeFlash.bat - writeFlash.bat - writeFlash.bat - writeFlash.bat - writeFl...
Uploading 318272 bytes from myNodemcu.bin to flash at 0x00000000
        erasing flash
        size: 04db40 address: 000000
        first_sector_index: 0
        total_sector_count: 78
        head_sector_count: 16
        adjusted_sector_count: 62
        erase_size: 03e000
        espcomm_send_command: sending command header
        espcomm_send_command: sending command payload
        setting serial port timeouts to 15000 ms
        setting serial port timeouts to 1000 ms
        espcomm_send_command: receiving 2 bytes of data
        writing flash
.............................................................................. [ 25% ]
.............................................................................. [ 51% ]
.............................................................................. [ 77% ]
..................................................................             [ 100% ]
starting app without reboot
        espcomm_send_command: sending command header
        espcomm_send_command: sending command payload
        espcomm_send_command: receiving 2 bytes of data
closing bootloader
        flush start
        setting serial port timeouts to 1 ms
        setting serial port timeouts to 1000 ms
```

图 7-7　写入固件

（3）连接发光二极管。

按图 7-8 所示连接发光二极管、电阻和杜邦线，并用电烙铁焊接。电阻阻值为 220～470 欧姆。

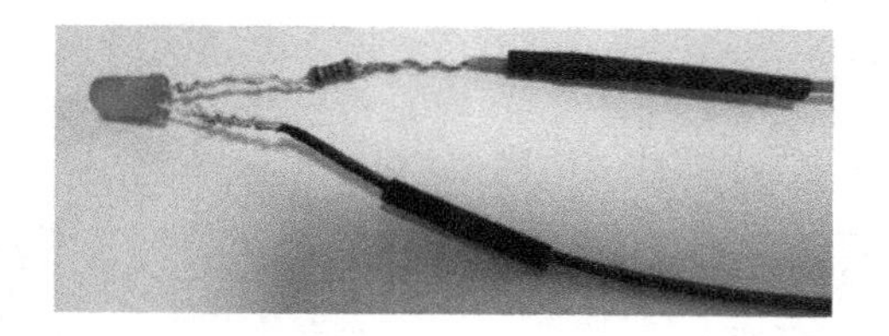

图 7-8 连接发光二极管

焊接并用热缩管包好。连接好的发光二极管如图 7-9 所示。

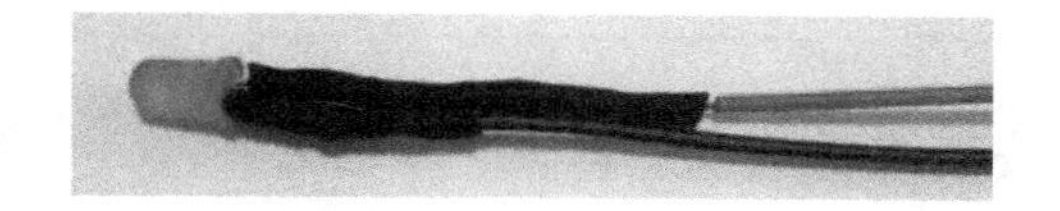

图 7-9 连接好的发光二极管

按图 7-10 所示将发光二极管连接电路板。红色线连接“D3”引脚，黑色线连接“GND”引脚。

图 7-10 连接电路板

2. 建立项目

在 App Inevntor 2.0 平台中，单击界面左上角的“新建项目”按钮（或单击“项目”→“新建项目”菜单命令），在弹出的“新建项目”对话框中输入项目名称“LedApp”，单击“确定”按钮建立项目，如图 7-11 所示。

新建项目...

项目名称: LedApp

取消 确定

图 7-11 新建项目“LedApp”

3. 组件设计

（1）设置“发光二极管”的组件。

本项目除用到按钮这个主要组件外，还用到 Web 客户端这个非可视组件。“发光二极管”的组件如表 7-1 所示。

表 7-1 “发光二极管”的组件

组 件	所属面板	命 名	作 用	属性名	属性值
Screen	用户界面	Screen1	显示屏幕	应用说明	发光二极管
按钮 1	用户界面	W1	触碰按钮可使“二极管”亮	图像	W1.jpg
按钮 2	用户界面	W2	触碰按钮可使“二极管”灭	图像	W2.jpg
Web 客户端	通信连接	“Web 客户端”	将数据传送至 HTTP 服务器	NodeMcu	NodeMcu 代码块的 IP 地址是 192.168.4.1

（2）控制发光二极管按钮组件设置。

当用户点击这个按钮时，二极管发光，再次点击时熄灭。具体逻辑设计如下。

① 用鼠标左键拖出一个按钮，如图 7-12 所示。

图 7-12 增加按钮

② 上传两个开关的图片素材，如图 7-13 所示。

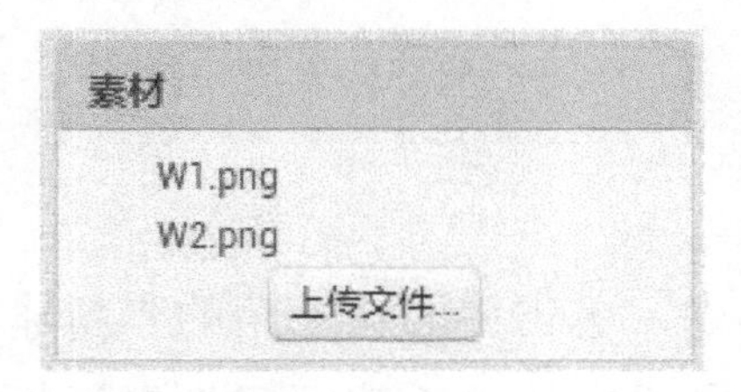

图 7-13 上传图片

③ 设置按钮的图片为“W1.png”。

④ 在组件面板找到通信连接组件，拖出 Web 客户端组件。

⑤ 将屏幕标题修改为“控制发光二极管”。

4. 逻辑设计

单击“逻辑设计”按钮，切换到逻辑设计界面。“按钮 1”逻辑设计如图 7-14 所示。

```
初始化全局变量 灯0 为 " 灭 "

当 按钮1 .被点击
执行 设置 Web客户端1 . 网址 为 " http://192.168.4.1/pin "
     如果 取 global 灯0 = " 灭 "
     则 调用 Web客户端1 .执行POST文本请求
                          文本 " PIN=3&VALUE=1 "
        设置 global 灯0 为 " 亮 "
        设置 按钮1 . 图像 为 " w2.png "
     否则 调用 Web客户端1 .执行POST文本请求
                          文本 " PIN=3&VALUE=0 "
        设置 global 灯0 为 " 灭 "
        设置 按钮1 . 图像 为 " w1.png "
```

图 7-14 “按钮 1”逻辑设计

（1）在内置块中点击“按钮 1”，打开其代码块抽屉，将代码块抽屉中的“全局变量”的值设置为 取 global 灯0 = " 灭 " 或 设置 global 灯0 为 " 亮 "。

（2）根据全局变量“灯 0”的值是“亮”或“灭”设置“按钮 1”的图像。

（3）Web 客户端的网址设置为 NodeMcu 代码块内部 HTTP 服务器的网址。NodeMcu 代码块的 IP 地址设置为 192.168.4.1。和 NodeMcu 代码块固件进行通信的协议的格式和含义如表 7-2 所示。

表 7-2 协议的格式和含义

编 写 格 式	表 示 含 义
网址 pin 部分	设置 NodeMcu 代码块引脚输出数字信号
PIN=n	n 是 NodeMcu 代码块引脚编号，编号可以是：0、1、2、3、4、5，分别代表 D0、D1、D2、D3、D4、D5 引脚
VALUE=k	k 为 1 表示输出高电平 k 为 0 表示输出低电平

（4）Web 客户端使用 POST 的方法将数据传送至 HTTP 服务器，使用“&”符号连接两个数据。

例：

PIN=0&VALUE=1，表示 NodeMcu 代码块的第 0 引脚输出高电平，代码块中对应的发光二极管亮。

PIN=4&VALUE=1，表示 NodeMcu 代码块的第 4 引脚输出高电平，代码块中对应的发光二极管亮。

PIN=4&VALUE=0，表示 NodeMcu 代码块的第 4 引脚输出低电平，代码块中对应的

发光二极管灭。

写好程序后，安装到手机上。代码块通电，手机 Wi-Fi 连接代码块，然后运行软件，通过点击按钮遥控发光二极管。

7.1.4 活动扩展

（1）修改程序，控制 NodeMcu 代码块的第 4 引脚连接的二极管。

（2）更换按钮图片，设置 6 个按钮，分别控制 6 个发光二极管。

（3）修改程序，点击按钮时，6 个发光二极管按流水灯规律闪烁。

请试着完成相关逻辑设计。

7.1.5 知识链接

（1）Arduino 是容易上手的开源电子开发平台。Arduino 包含硬件和软件两个主要部分。硬件部分是可以用来做电路连接的 Arduino 电路板；软件部分是 Arduino IDE 程序“组件设计”视图。通过 Arduino IDE 程序“组件设计”视图，使用 C 语言编写程序，编译成二进制文件，烧写在 Arduino 电路板上。Arduino 电路板上的微控制器运行程序，控制硬件。程序接收连接在电路中的各种传感器的数据感知环境，控制灯光、马达或其他装置。

（2）NodeMCU 代码块可以接入本地无线路由器，还可以作为独立的 AP（无线接入点）。通过无线路由器接入互联网后，手机可以通过互联网控制 NodeMCU 代码块，但相应的设置较为复杂。简单起见，本任务将 NodeMCU 代码块作为独立的 AP 使用，但只能在近距离局域网内控制。NodeMCU 代码块的无线接入点名称为 ESP－XXXX 的形式，每个代码块的 XXXX 部分都不同。

7.2 调色彩灯

对于现代社会来说，灯不仅是照明工具，还是一种营造氛围，调节人情绪的工具。大家来做一个可以用手机调色的彩灯吧。

7.2.1 任务分析

本任务编写手机程序，通过 Wi-Fi 网络连接硬件，在程序界面调节颜色，遥控彩灯灯光变成手机界面上的颜色。

7.2.2 相关知识

生活中有各种彩灯，原理各不相同。简单起见，本任务使用全彩发光二极管代替彩灯。全彩发光二极管及其电路原理图如图 7-15 所示。

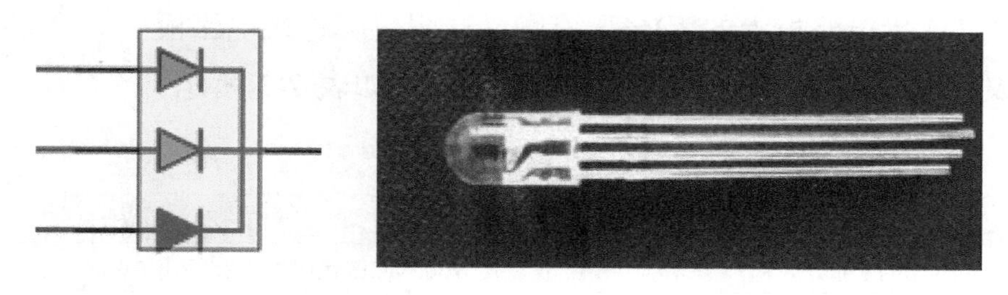

图 7-15 全彩发光二极管及其电路原理图

全彩发光二极管采用三基色原理。调节红、绿、蓝 3 种光（RGB）的比例，可以组合成不同颜色的光。全彩发光二极管原理是将发红色光、绿色光和蓝色光的 3 个发光二极管封装在一起，通过控制每个发光二极管的发光亮度，从而混合出需要的颜色的光，如图 7-16 所示。

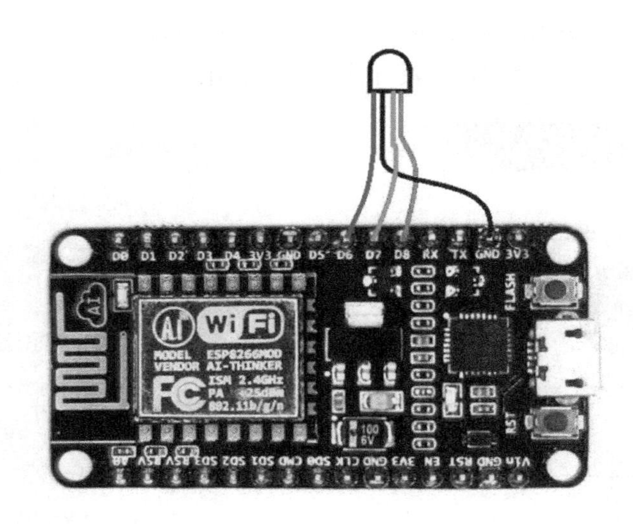

图 7-16 3 个二级管封装在一起

图 7-16 中将发光二极管的阴极连接在一起，这种连接方式称为“共阴”。还有一种连接方式是将二极管的阳极连接在一起，称为“共阳”。

控制二极管的发光亮度，通常使用脉冲宽度调制（Pulse Width Modulation，PWM）技术。PWM 技术是利用微处理器的数字信号对模拟电路进行控制的一种技术。简单来说，不采用任何技术控制发光二极管时，发光二极管要么最亮，要么最暗。如果把亮度从最亮至最暗分成 256 种亮度，并用数字表示，256 表示最亮，128 表示中间程度的亮，0 表示最暗。这样就可以用数字表达从亮过渡到暗的各种亮度。

要实现用手机控制彩灯色调的效果，不仅需要相关硬件设备，还需要编写应用程序。当应用程序将表示红、绿、蓝 3 种颜色的数值发送给硬件设备后，硬件设备便按接收到的数值使用 PWM 技术调节颜色，呈现应用程序设定的效果。

RGB 发光二极管红色引脚连接单路板上的“D8”引脚，绿色引脚连接电路板上的“D7”引脚，蓝色引脚连接电路板上的“D6”引脚，共阴引脚连接电路板上的“GND”引脚。

根据协议发送 POST 数据。数据的格式和含义如表 7-3 所示。

表 7-3　数据的格式和含义

格　式	表 示 含 义
网址 pwm 部分	设置 NodeMCU 代码块引脚输出 PWM 信号
PIN=n	n 是 NodeMCU 代码块引脚编号，编号可以是 6、7、8 对应 D6、D7、D8
VALUE=c	c 为对应引脚颜色值（0～255）

7.2.3　任务实施

1. 组件设计

设计界面如图 7-17 所示，组建列表如图 7-18 所示

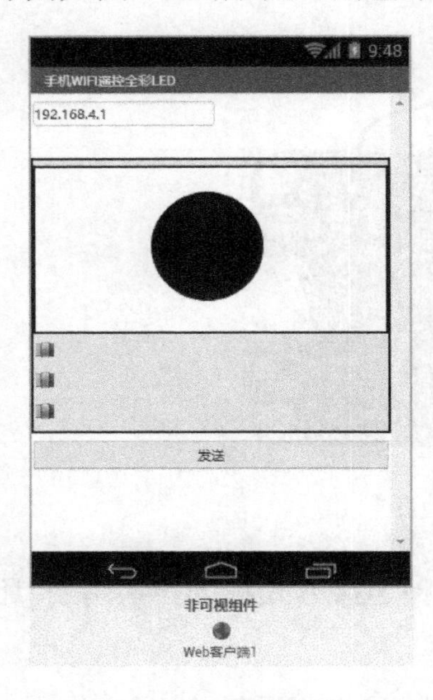

图 7-17　设计界面

组件列表
Screen1
文本输入框1
标签1
垂直布局1
画布1
球形精灵1
红色
绿色
蓝色
按钮1
Web客户端1

图 7-18　组件列表

滑动条的组件属性如图 7-19 所示。

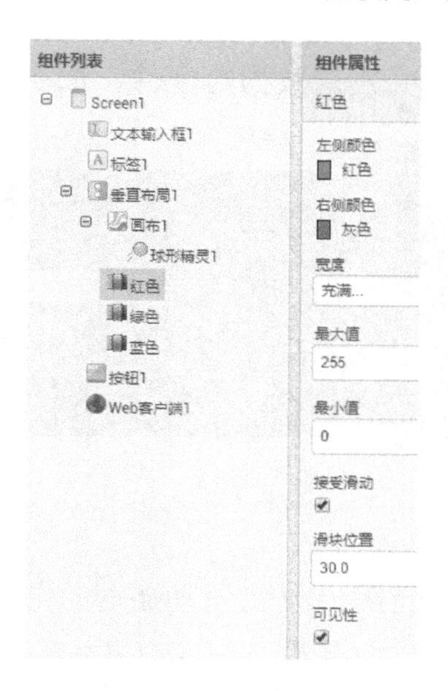

图 7-19 滑动条的组件属性

2. 逻辑设计

（1）定义 3 个全局变量，分别保存当前颜色的红、绿、蓝的数值，如图 7-20 所示。

图 7-20 定义 3 个全局变量

（2）当点击“按钮 1”时，执行调用“调色”，分别发送红、绿、蓝的数值。具体逻辑设计如图 7-21 所示。

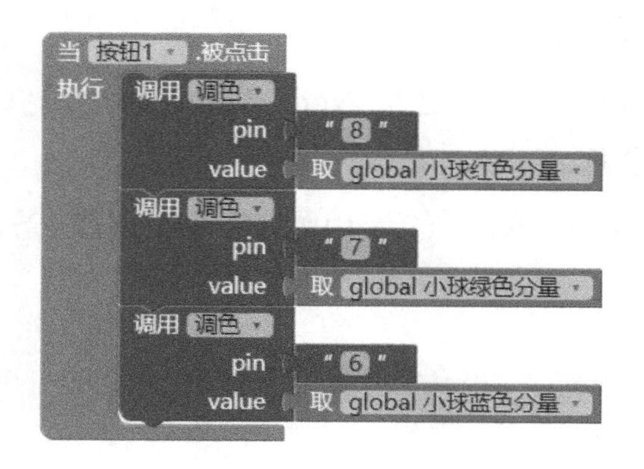

图 7-21 “按钮 1”逻辑设计

（3）定义过程。先设置 Web 客户端组件的网址，再使用 Web 客户端组件的 POST 方法，按协议的格式合成字符串，并发送数据给硬件，如图 7-22 所示。

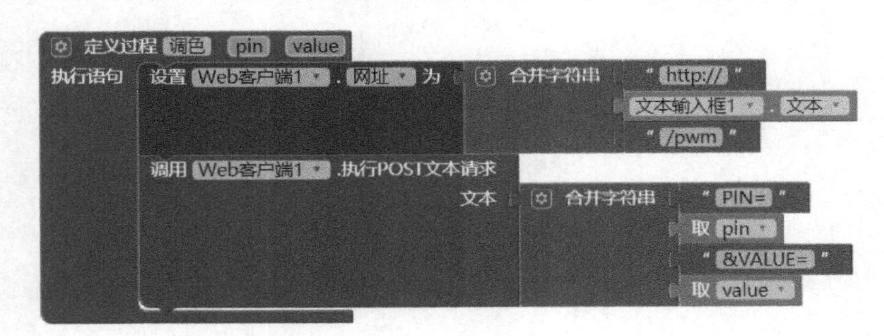

图 7-22　定义过程

（4）红色滑动条逻辑设计。当用户改变滑动条时，先根据滑块位置改变分量的数值。再根据新的红、绿、蓝 3 种颜色的分量，显示改变后的颜色。具体逻辑设计如图 7-23 所示。

图 7-23　红色滑动条逻辑设计

（5）绿色和蓝色的逻辑设计和红色相同，仿照上面步骤依次设计。

3. 其他说明

（1）将 NodeMcu 代码块连接电源。可以使用手机充电器等 USB 接口连接电源或充电宝，还可以接入计算机的 USB 接口。

（2）在手机上更改 Wi-Fi 设置。连接 NodeMcu 代码块提供的无线接入点，将手机接入 NodeMcu 代码块的无线网络。

（3）手机安装并运行本任务编写的应用程序。拖动滑动条，观察全彩发光二极管的颜色是否变化。

7.2.4 活动扩展

按图 7-24 所示的软件界面编写应用程序，从色盘取颜色。试着完成相关逻辑设计。

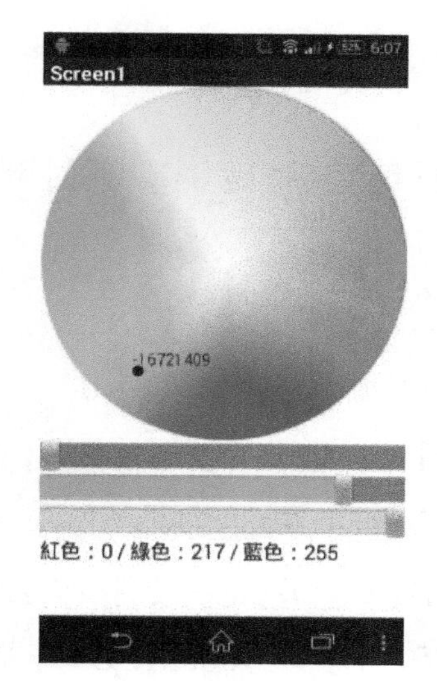

图 7-24 软件界面

7.2.5 知识链接

（1）PWM 广泛应用于测量、通信、功率控制与变换等领域。PWM 是一种模拟控制方式，其根据相应载荷的变化调制晶体管基极或 MOS 管栅极的偏置，以改变晶体管或 MOS 管的导通时间，从而改变开关稳压电源输出。这种方式能使电源的输出电压在工作条件变化时保持恒定，是利用微处理器的数字信号对模拟电路进行控制的一种非常有效的技术。

（2）HTTP 是英文 HyperText Transfer Protocol 的缩写，中文全称为“超文本传输协议”。它是基于 TCP/IP 通信协议传输数据的，是互联网上应用非常广泛的一种网络传输协议，所有万维网文件都必须遵守该协议。HTTP 的工作原理是客户端向服务器发送一个请求，包含请求的方法、URL、协议版本，以及请求修饰符、客户信息和内容的类似于 MIME 的消息结构。这时，服务器以一个状态行作为响应，响应的内容包括消息协议的版本，成功或错误编码、服务器信息、实体元信息及实体内容，这些内容呈现在客户端上便成为是否可以获取请求数据的结果。如果成功，则显示网页的实体内容；如果不成功，则显示请求错误或返回失败。

7.3 Wi-Fi 遥控小车

兴趣是最好的老师，学习自己感兴趣的知识，不仅能学到知识，还能体会到学习的乐趣。大家自己动手，来做一辆智能小车吧。

7.3.1 任务分析

本任务利用 Web 客户端组件编写手机程序，通过网络给智能小车发送命令，以实现遥控小车。

7.3.2 相关知识

手机通过 Wi-Fi 与智能小车上的 Wi-Fi 代码块连接，Wi-Fi 代码块使用 PWM 技术调节智能小车的电机转速，以实现对智能小车的控制。

智能小车上使用 NodeMCU DEVKIT V1.0 硬件来实现智能控制。使用电机驱动扩展板驱动智能小车的电机，如图 7-25 所示，NodeMCU 是基于 ESP8266 代码块的开发板。NodeMCU 的引脚如图 7-26 所示。

图 7-25 NodeMCU 和电机驱动扩展板

PIN DEFINITION

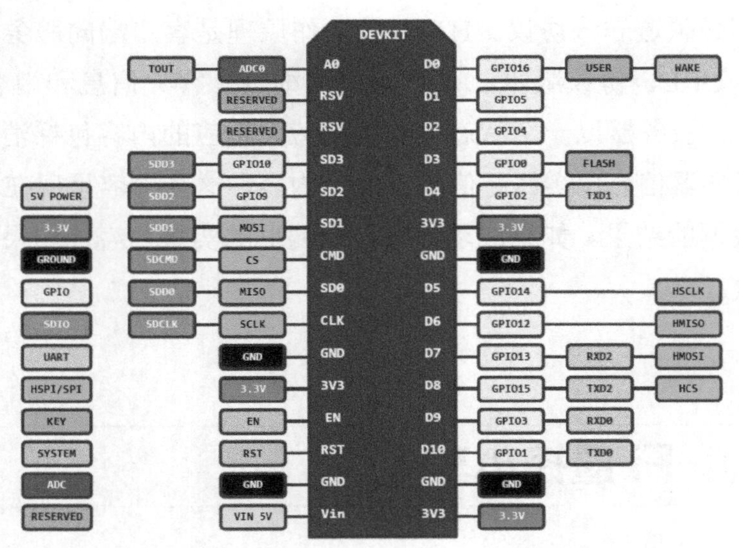

图 7-26 NodeMCU 的引脚

本任务需要将原有固件更新为所提供的固件，本固件实现了控制智能小车所需的功能。手机软件使用 Web 客户端组件与 NodeMCU 通信。根据手机软件发生的命令控制智能小车。NodeMCU 插在 ESP8266 电机驱动扩展板上，使用 D1、D2、D3、D4 这 4 个引脚控制电机的转速和方向。引脚及其含义如表 7-4 所示。

表 7-4 引脚及其含义

引　脚	意　义
D1	PWMA（电机 A 转速）
D2	PWMB（电机 B 转速）
D3	DA（电机 A 方向）
D4	DB（电机 B 方向）

根据协议使用 HTTP 发送 POST 数据。数据的格式及含义如表 7-5 所示。

表 7-5 数据的格式及含义

格　式	含　义
网址 pwm 部分	设置 NodeMCU 代码块输出 PWM 信号
PIN=n	n 是 NodeMCU 代码块引脚编号，编号可以是 0～10
VALUE=v	v 为转速值（0～1023）

7.3.3 任务实施

1. 更新固件

（1）安装 CP210X 的驱动程序。

参考 7.1.3 节下载 CP210x_Windows_Drivers.zip，并安装。

（2）NodeMCU 代码块连接计算机 USB 接口，在“设备管理器”中检查串行口，如图 7-27 所示。可以看到新增加的串口 COM3，表示已正确安装驱动程序。

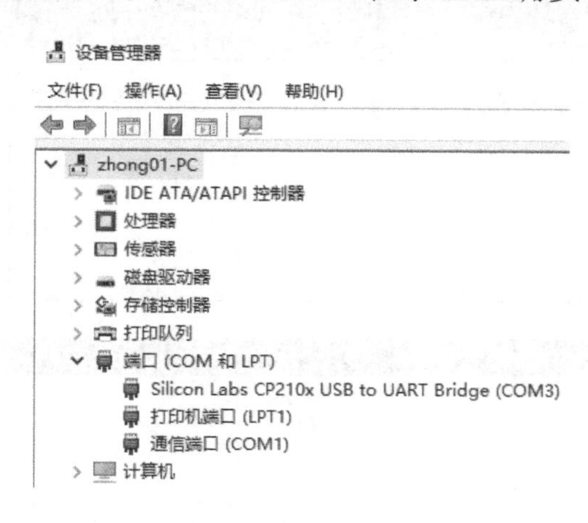

图 7-27 新增加的串口 COM3

（3）更改串口。

更改 writeFlash.bat 文件中的串口为上一步所找到的串口（本例为 COM3，不用修改）。

“writeFlash.bat 文件”内容如下：

cmd.exe /K esptool.exe -vv-cd ck -cb 115200 -cp COM3 -ca 0x00000 -cf myESP8266CarPin.ino.nodemcu.bin

（4）运行“writeFlash.bat”程序，写入固件。

2. 组件设计

（1）软件界面如图 7-28 所示。

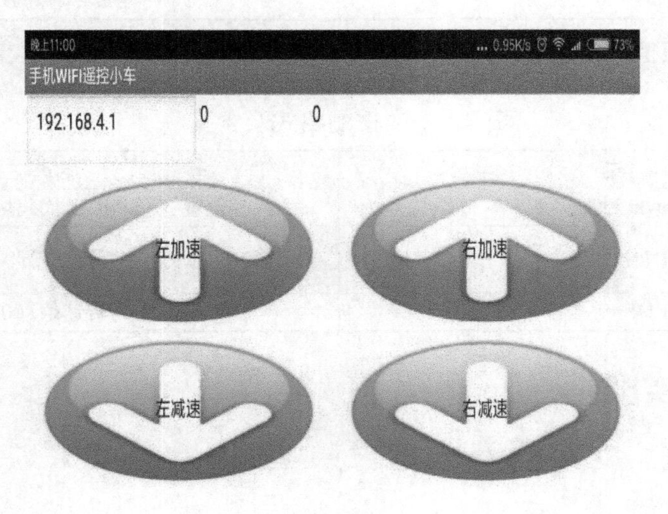

图 7-28　软件界面

（2）设计界面如图 7-29 所示。

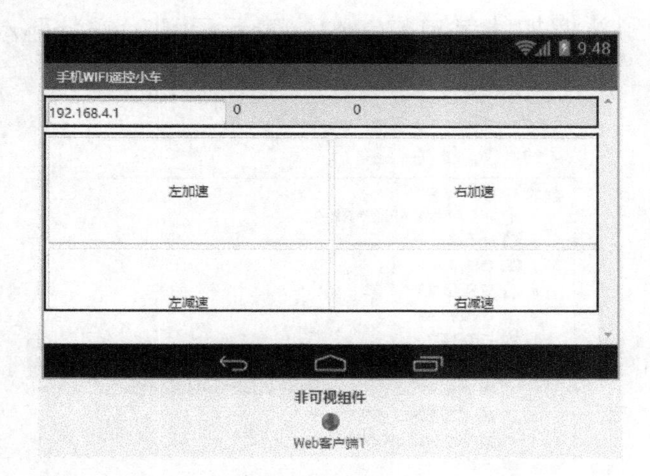

图 7-29　设计界面

（3）组件列表如图 7-30 所示。

图 7-30　组件列表

（4）上传两个箭头文件图片素材，如图 7-31 所示。

图 7-31　图片素材

3. 逻辑设计

（1）编写“调速”过程代码，用来指定某个引脚输出 PWM 信号，如图 7-32 所示。

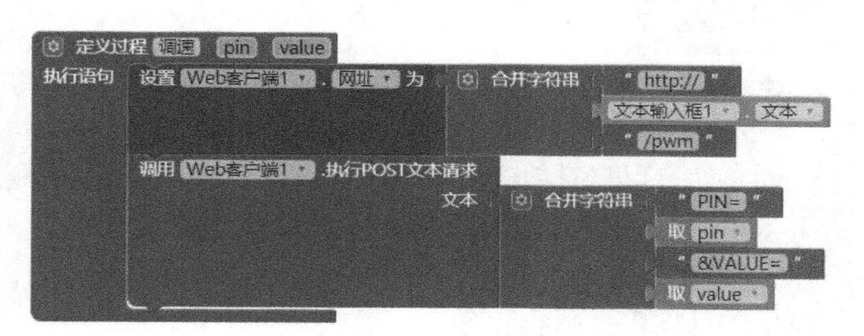

图 7-32　编写“调速”过程代码

（2）定义两个变量，分别存放当前的左右两个电机的速度数值，如图 7-33 所示。

图 7-33　定义变量

（3）当点击“左加速”按钮时，当前左速度增加，然后将数据发送出去，如图 7-34

所示。

```
当 左加速 .被点击
执行 设置 global 左速度 为 取 global 左速度 + 50
     设置 左速度 . 文本 为 取 global 左速度
     调用 调速
          pin "2"
          value 取 global 左速度
```

图 7-34 “左加速”逻辑设计

（4）当点击“左减速”按钮时，当前左速度减小，然后将数据发送出去。同理，设计“右加速”和“右减速”按钮的代码，如图 7-35 所示。

```
当 左减速 .被点击
执行 设置 global 左速度 为 取 global 左速度 - 50
     设置 左速度 . 文本 为 取 global 左速度
     调用 调速
          pin "2"
          value 取 global 左速度

当 右加速 .被点击
执行 设置 global 右速度 为 取 global 右速度 + 50
     设置 右速度 . 文本 为 取 global 右速度
     调用 调速
          pin "1"
          value 取 global 右速度

当 右减速 .被点击
执行 设置 global 右速度 为 取 global 右速度 - 50
     设置 右速度 . 文本 为 取 global 右速度
     调用 调速
          pin "1"
          value 取 global 右速度
```

图 7-35 “左减速”、“右减速”和“右加速”逻辑设计

4. 连接测试

智能小车安装好并接通电源后，用手机连接智能小车的 Wi-Fi 网络，智能小车的默认 IP 地址是 192.168.4.1，运行手机程序，就可以遥控智能小车了。或者登录 Wi-Fi 代码块的设置界面，设置要连接的无线网络的 SSID 和密码，将智能小车连接至无线路由器。然后

通过与智能小车连接的串口（波特率 115200）获取智能小车的 IP 地址，如图 7-36 所示，连接同一网络的手机就可以通过智能小车的 IP 地址控制智能小车。

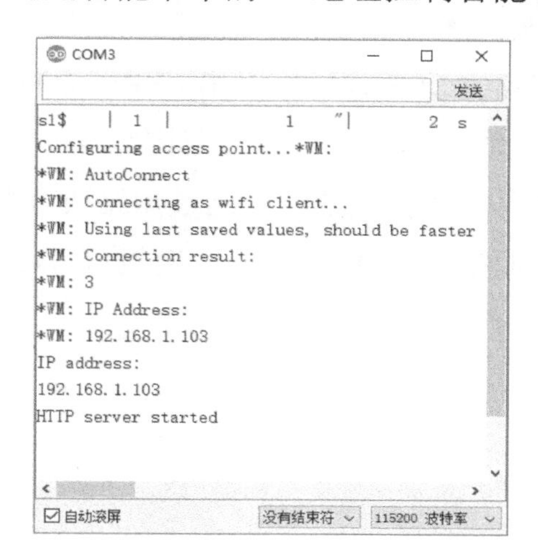

图 7-36　通过串口获取智能小车的 IP 地址

如图 7-36 所示，智能小车的 IP 地址是 192.168.1.103，将手机程序上的 IP 地址修改为这个 IP 地址，就可以控制智能小车了。手机控制智能小车如图 7-37 所示。

图 7-37　手机控制智能小车

7.3.4　活动扩展

（1）在使用手机控制智能小车的过程中，会发现实际使用起来不顺手。怎样才能用起来顺手呢？可以按自己的想法重新设计程序，添加功能。例如，增加前后方向按钮。

（2）增加重力加速度计，利用手机的倾斜控制智能小车的前后左右运动。

（3）增加语音识别组件，利用语音控制智能小车。

请试着完成相关逻辑设计。

7.3.5 知识链接

ESP-12E 电机驱动扩展板。

使用 L293D 电机驱动双路大功率 H 桥，引出 ESP12 DEV KIT 的所有功能引脚：SPI、UART、GPIO、AI 及 3.3V 电源接口。电机电源范围为 4.5～36V，控制电源范围为 4.5～9V，电机电源、控制电源分离。在实验中，可通过短路块合并，将 VIN 和 VM 短接，同时给电机和控制板供电。控制端口为 D1、D3（A 电机），D2、D4（B 电机）。

人工智能“应用”

人工智能（Artificial Intelligence，AI）是计算机学科的一个分支，是研究如何利用计算机去做过去只有人才能做的智能工作。近三十年来获得了迅速的发展，在很多领域都获得了广泛应用，并取得了丰硕的成果。

AI 使计算机模拟人的某些思维过程和智能行为（如学习、推理、思考、规划等），这不仅需要大量数据作为支撑，还需要进行大量运算。因此，AI 往往给人神秘莫测之感，让人觉得高不可攀。但实际上，AI 并非遥不可及，不少企业都提供了应用程序编程接口（Application Programming Interface，API），API 是一些预先定义的函数，目的是用来提供应用程序与开发人员基于某个软件或硬件得以访问一组例程的能力，而又无须访问源代码或理解内部工作机制细节，这样令 AI 背后的多层复杂逻辑关系和算法都比较容易地解决了。对开发者来说，调用 API 很容易上手，甚至没有编程基础的用户，也可以通过简单培训而掌握。如何把多个 API 有机融合，并运用于 App，使 App 更智能，这样的尝试值得我们研究。现在就让我们一起学习人工智能与 App 的结合吧。

8.1 语音机器人

8.1.1 任务分析

“语音机器人”服务于多个行业，能满足家庭陪护、医疗、教育、政务机关、银行、酒店、餐饮、旅游景区等行业场景的不同需求。手机中有很多这种机器人程序，如苹果公司的 Siri、微软公司的 Cortana 等。现在就设计一款基于 Android 环境下使用的“语音机器人”。如图 8-1 所示为“语音机器人”的运行界面。

基本版“语音机器人”主要包括以下 3 个功能。

（1）语音识别：可以通过语音识别用户说的内容。

（2）信息交互：提供语音交互、语义的智能理解与交互，支持多领域语义解析及对话。

（3）语音播放：把机器人的答话转换为语音并播放出来。

图 8-1 “语音机器人”的运行界面

8.1.2 任务目标

- 能够申请图灵机器人，会使用 Web 客户端进行 API 的调用。
- 会使用文本转语音。
- 会使用语音转文本。

8.1.3 任务实施

1. 申请图灵机器人

登录图灵机器人网站，单击网页右上角的“注册”按钮，根据要求完成注册后用户即拥有一个 ID。

进入“机器人管理”页面，如图 8-2 所示，单击头像图标或“设置”按钮，进入“机器人设置”页面，如图 8-3 所示，选中“APIkey”并复制。

图 8-2 “机器人管理”页面

小知识

APIKEY：每一个机器人有唯一身份 ID。ID 是用户调用此机器人的身份凭证，请勿泄露给他人。

免费版本：一个账户可申请 5 个机器人，每天可调用机器人的次数为 1 000 次。

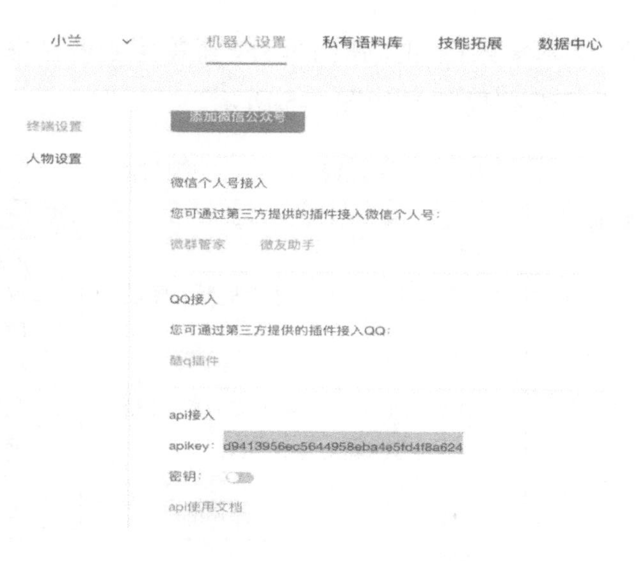

图 8-3　机器人设置页面

2. 准备素材

“语音机器人”的素材如表 8-1 所示。

表 8-1　“语音机器人”的素材

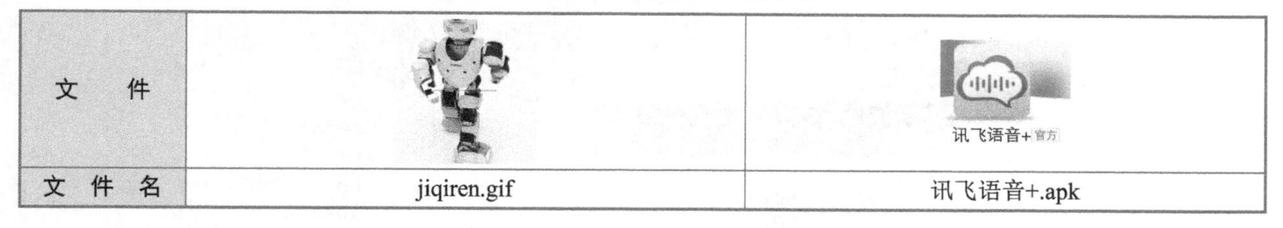

文　件		
文 件 名	jiqiren.gif	讯飞语音+.apk

3. 新建项目

在 App Inevntor 2.0 平台中，单击界面左上角的“新建项目”按钮（或单击“项目”→“新建项目”菜单命令），在弹出的“新建项目”对话框中输入项目名称“jiqiren”，单击“确定”按钮建立项目，如图 8-4 所示。

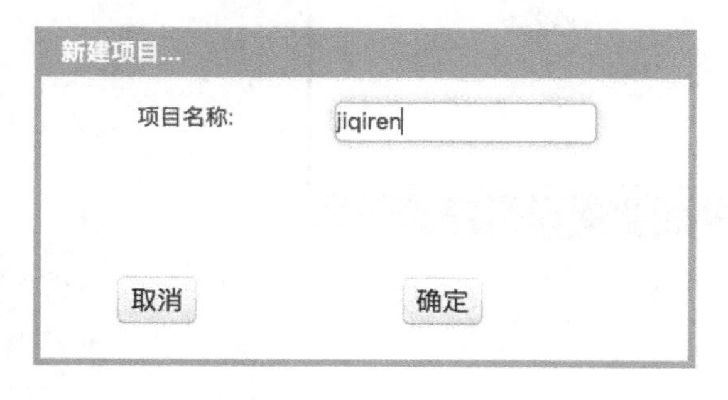

图 8-4　新建项目“jiqiren”

4. 组件设计

本项目除用到图像、文本输入框和按钮组件外，还需用到两个非可视组件和通信连接。具体组件如表 8-2 所示，组件布局效果如图 8-5 所示。

表 8-2 “语音机器人”的组件

组　件	所属面板	命　名	作　用	属性名	属性值
图像	用户界面	图像 1	放入机器人图像	高度	20%
				宽度	20%
				图片	jiqiren.gif
文本输入框	用户界面	文本输入框 1	输入文字聊天消息	高度	100 像素
				宽度	充满
				提示	你想说啥
按钮	用户界面	按钮 1	等待触摸	文本	发送
		按钮 2	等待触摸	文本	语音对话
水平布局	界面布局	水平布局 1 水平布局 2	水平确定组件位置	—	—
标签	用户界面	标签 1	放置聊天记录	—	—
Web 浏览框	用户界面	Web 浏览框 1	调用图灵机器人网址	—	—
Web 客户端	通信连接	Web 客户端 1	调用图灵机器人	—	—
语音识别器	多媒体	语音识别器 1	听懂说话内容	—	—
文本转语音器	多媒体	文本转语音器 1	答话转为语音	—	—

图 8-5　组件布局效果

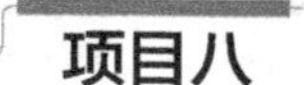

5. 逻辑设计

单击"逻辑设计"按钮，切换到逻辑设计界面。

（1）新建变量。

单击"内置块"→"变量"代码块，找到"初始化全局变量变量名为"代码块，将其拖出并复制两块，将3个"全局变量"的名称分别修改为"网址""key""userid"。在"文本"中拖出"一个字符串"代码块并复制两块，然后在文本框中输入"http://www.hxedu.com.cn/Resource/OS/AR/zz/xcz/202101505/2.html"与"网址"代码块拼接，最后在文本框中输入图灵机器人的APIKey、ID与相应的"key"代码块、"userid"代码块拼接，如图8-6所示。

图8-6 创建变量

【注意】此网址为固定地址；key为图8-6中复制的APIKey；userid的ID为图灵机器人的ID，位于图灵机器人屏幕的右上角。

（2）发送文本聊天。

当"按钮1"被点击时，设置调用"Web客户端1"，将"文本输入框"中的文字内容发送给机器人，并在"标签"上显示所发送的内容。为方便发送后再次输入内容，此时"文本输入框"为空。具体逻辑设计如图8-7所示。

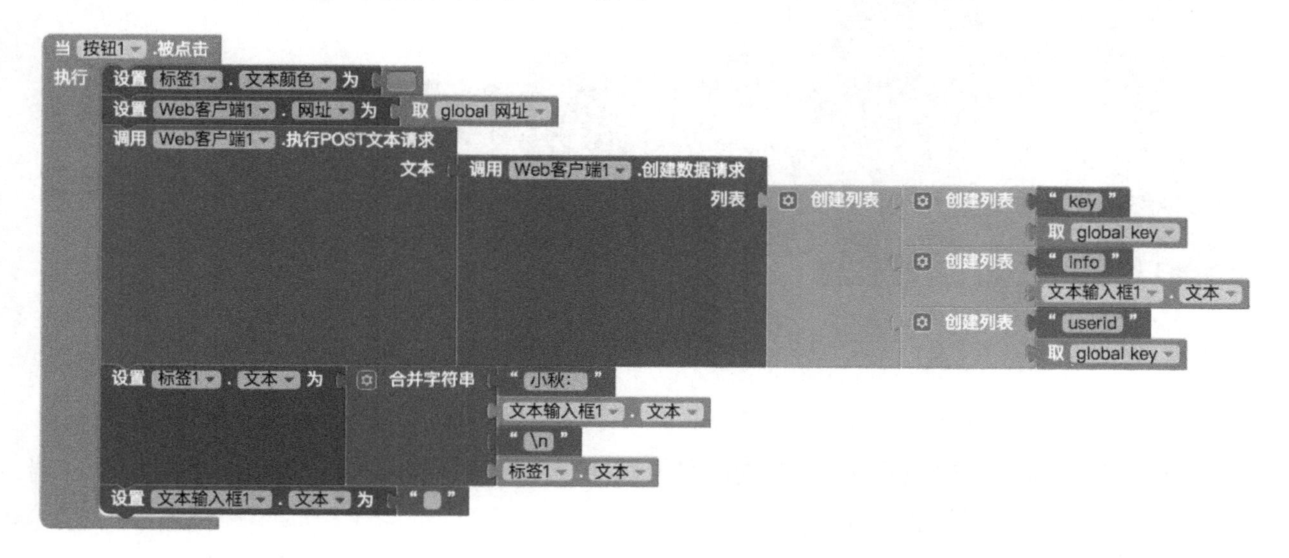

图8-7 "按钮1"逻辑设计

【注意】设置“标签文本”颜色可以选择喜欢的颜色，“小秋:”中的“小秋:”是显示人物名称，可自行修改。

“Web 客户端”组件的 post 方法：在提交请求时，需要创建请求数据，数据的格式是一个键值对列表，其中“key”、“info”及“userid”称为“键”，与这 3 个“键”对应的值由开发者提供，其中“userid”和“key”的值在注册图灵机器人网站会员时获得，“info”的值由“应用”的使用者输入。

（3）语音聊天。

当“按钮 2”被点击时，调用“语音识别器 1”。具体逻辑设计如图 8-8 所示。

图 8-8 “按钮 2”逻辑设计

当“语音识别器 1”识别完成时，可将语音转化为文本。例如，调用“Web 客户端 1”将“文本输入框”的文字内容发送给机器人，并在“标签”上显示所发送的内容，同时保持“文本输入框”为空。具体逻辑设计如图 8-9 所示。

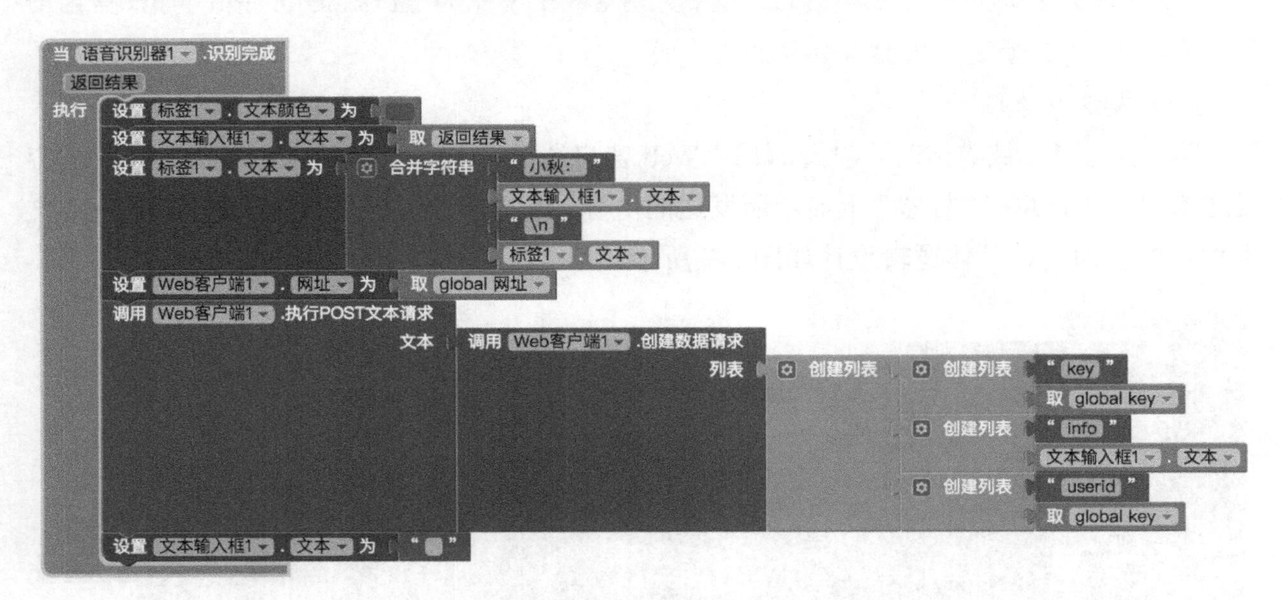

图 8-9 “语音识别器 1”逻辑设计

（4）“Web 客户端 1”响应。

“Web 客户端 1”响应利用了“Web 客户端 1”发送文本的请求，因此，“Web 客户端 1”接收到请求后的逻辑设计尤为重要。

当“Web 客户端 1”获得文本时，先对文本进行解码，解码前必须取得机器人的网址、

ID 及 APIKey 等数据，由“Web 浏览框 1”访问网页并取得机器人的回复，在此调用“文本语音转换器 1”朗读出机器人的回复，同时机器人的回复内容保存在“标签”中。具体逻辑设计如图 8-10 所示。

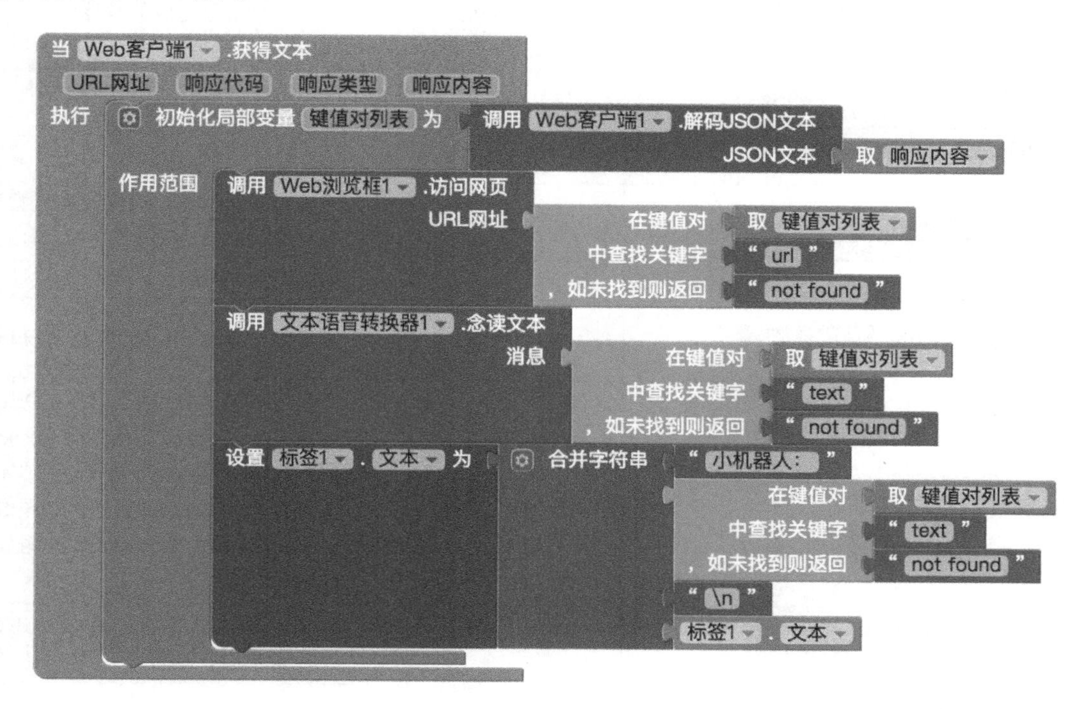

图 8-10 “Web 客户端 1”逻辑设计

6. 连接测试

8.1.4 知识链接

（1）本项目需要安装语音引擎，如果手机自带语音引擎则无须安装。

（2）“Web 客户端”组件是提供 HTTP GET、POST、PUT 及 DELETE 请求功能的非可视组件，其属性如表 8-3 所示，代码块如表 8-4 所示。

表 8-3 “Web 客户端”的属性

属性名	作用
允许使用 Cookies	是否应保存响应中的 cookie，并在后续请求中使用
响应文件名称	应保存响应文件的名称。如果 SaveResponse 为 true 且 ResponseFileName 为空，则将生成新文件名
网址	Web 请求的 URL
保存响应信息	是否应将响应保存在文件中

表 8-4 "Web 客户端"的代码块

代 码 块	类 型	作 用
当 Web客户端1 .获得文件 URL网址 响应代码 响应类型 文件名 执行	活动	表示请求已完成的事件
当 Web客户端1 .获得文本 URL网址 响应代码 响应类型 响应内容 执行	活动	表示请求已完成的事件
调用 Web客户端1 .创建数据请求 列表	方法	将表示名称和值对应的双元素子列表转换为格式为列表的字符串，适合传递给 PostText
调用 Web客户端1 .清除Cookies	方法	清除此 Web 组件的所有 cookie
调用 Web客户端1 .删除	方法	使用 URL 属性执行 HTTP DELETE 请求并检索响应。如果 SaveResponse 的属性为 true，则响应将保存在文件中，并且将触发 GotFile 事件。如果 SaveResponse 的属性为 false，则将触发 GotText 事件
调用 Web客户端1 .执行GET请求	方法	使用 URL 属性执行 HTTP GET 请求并检索响应
调用 Web客户端1 .解码HTML文本 HTML文本		解码给定的 HTML 文本值
调用 Web客户端1 .解码JSON文本 JSON文本	方法	解码给定的 JSON 编码值以生成相应的 App Inventor 值
调用 Web客户端1 .执行POST文件请求 路径		使用 URL 属性和指定文件中的数据执行 HTTP POST 请求
调用 Web客户端1 .执行POST文本请求 文本		使用 URL 属性和指定的文本执行 HTTP POST 请求。文本的字符使用 UTF-8 编码进行编码
调用 Web客户端1 .执行POST编码文本请求 文本 字符编码		使用 URL 属性和指定的文本执行 HTTP POST 请求。使用给定的编码对文本的字符进行编码
调用 Web客户端1 .执行PUT文件请求 路径		使用 URL 属性和指定文件中的数据执行 HTTP PUT 请求
调用 Web客户端1 .执行PUT文本请求 文本		使用 URL 属性和指定的文本执行 HTTP PUT 请求。文本的字符使用 UTF-8 编码进行编码
调用 Web客户端1 .执行PUT编码文本请求 文本 字符编码		使用 Url 属性和指定的文本执行 HTTP PUT 请求。使用给定的编码对文本的字符进行编码

续表

积　木	类　型	作　用
调用 Web客户端1 .UriDecode 文本	方法	对给定的文本值进行编码，以便在URL中使用
调用 Web客户端1 .URI编码 文本		对编码的文本值进行解码
调用 Web客户端1 .XML文本解码方式 xmlText		解码给定的XML字符串以生成列表结构
Web客户端1 . 允许使用Cookies（✓ 允许使用Cookies / 请求头 / 响应文件名称 / 保存响应信息 / 网址）		选择响应内容
设置 Web客户端1 . 允许使用Cookies 为（✓ 允许使用Cookies / 请求头 / 响应文件名称 / 保存响应信息 / 网址）		设置响应内容
Web客户端1		提供请求功能

8.2 图像风格迁移

8.2.1 任务分析

不会拍照？拍照不好看？随着技术的发展，很多软件已经实现了让普通人的照片拥有名家风格，如毕加索、梵高等。对开发人员来说，这种风格照片转换涉及卷积神经网络，需要用到大量算法。其实，用 App Inventor 2.0 就能简单地设计这个软件，让初学者也能得心应手！图像风格迁移的效果如图 8-11 所示。

图像风格迁移需要实现以下两大功能模块。

① 选择相机或手机相册中的照片。

② 实现照片的风格转换。

图 8-11　图像风格迁移的效果

8.2.2　任务目标

- 会使用照相机组件。
- 会使用 TaifunImage 扩展插件。
- 会使用 StyleMixer 扩展插件。
- 会使用对话框。
- 会使用列表选择框。
- 会连接手机进行调试。

8.2.3　任务实施

1. 新建项目

在 App Inevntor 2.0 平台中，单击界面左上角的“新建项目”按钮（或单击“项目”→“新建项目”菜单命令），在弹出的“新建项目”对话框中输入项目名称“image”，单击“确定”按钮建立项目，如图 8-12 所示。

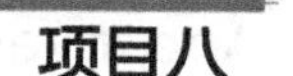

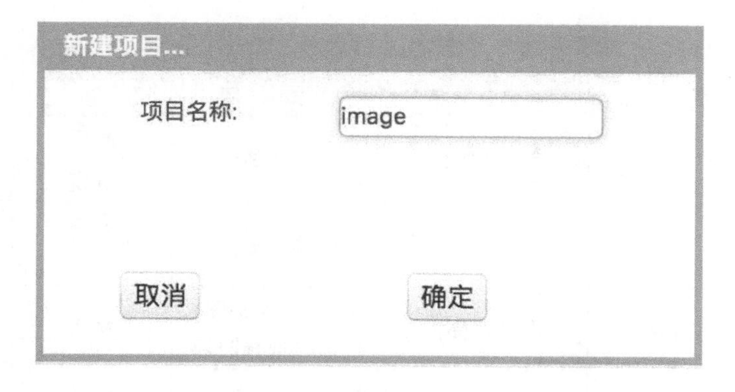

图 8-12　新建项目“image”

2. 组件设计

单击“组件设计”按钮，切换到组件设计界面。在“组件列表”中选择“Extension”组件列表，展开列表后，单击带下画线的“import extension”组件，如图 8-13 所示。

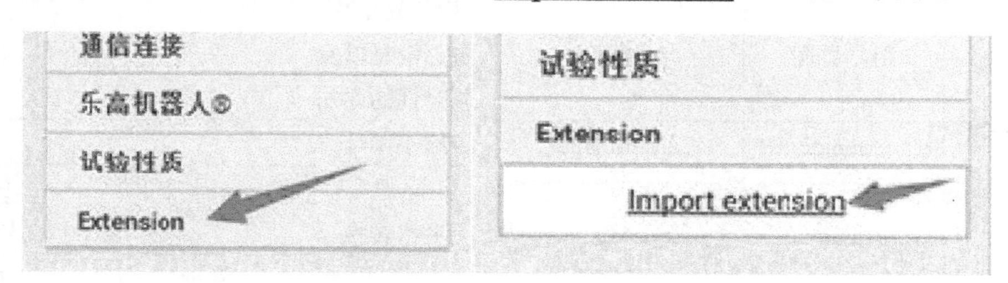

图 8-13　组件列表

在弹出的窗口中单击“选择文件”按钮，在文件管理器中选择文件并上传。上传完毕后，单击“Import”按钮，即可在“extension”组件列表下看到上传成功的 aix 文件，如图 8-14 所示。如果需要用到 aix 文件作为扩展，直接将 aix 文件拖动到工作面板即可。

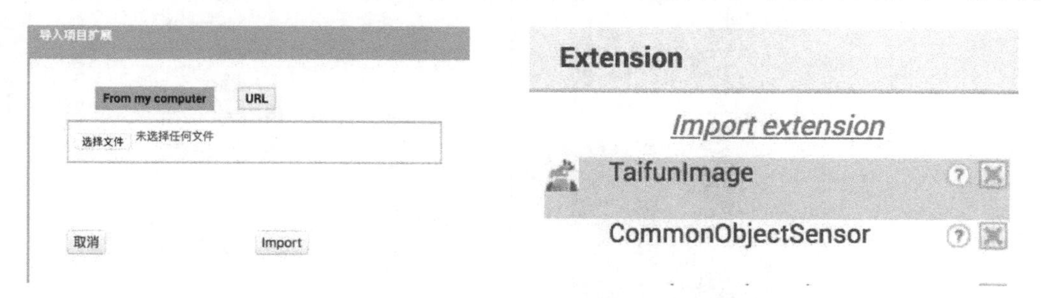

图 8-14　上传文件

本项目除用到图像、按钮组件外，还用到两个扩展组件和一个多媒体组件。具体组件如表 8-5 所示，组件布局效果如图 8-15 所示。

表 8-5 “图像风格迁移”的组件

组 件	所属面板	命 名	作 用	属 性 名	属 性 值
图像	用户界面	图像 1	显示图像	高度	充满
				宽度	充满
按钮	用户界面	按钮 1	等待触摸	文本	拍照
				启用	√
图像选择框	多媒体	图像选择框 1	打开设备图库，选择照片	文本	相册
标签	用户界面	标签 1	显示标签文字	高度	充满
				宽度	充满
列表选择框	用户界面	列表选择框 1	用于显示文字元素组成的列表	启用、显示交互效果	√
照相机	多媒体	照相机 1	调用手机照相	—	—
对话框	用户界面	对话框 1	用于显示警告、消息以及临时性的通知	—	—
TaifunImage	extenion	TaifunImage1	缩小图片	—	—
StyleMixer	extenion	StyleMixer1	风格转换	Serve	http://183.62.33.212:8000
				Style	Candy

图 8-15 组件布局效果

3. 逻辑设计

单击“逻辑设计”按钮，切换到逻辑设计界面。

(1)因为需要多次调用缩小图片的过程，为了方便调用，可先定义一个调用 TaifunImage 进行缩小图片的过程，并将此过程命名为“缩小图片”。具体逻辑设计如图 8-16 所示。

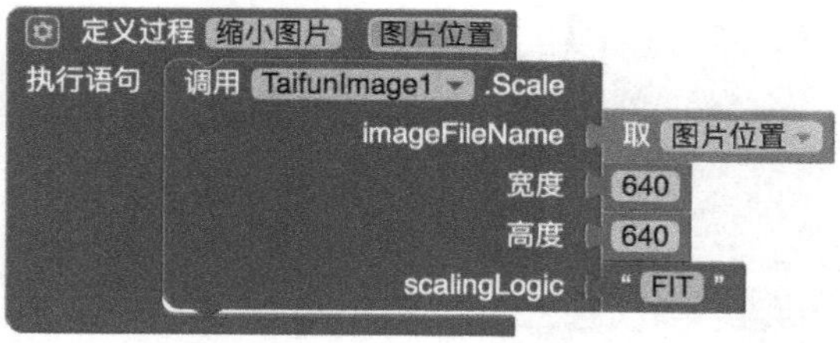

图 8-16 “缩小图片”逻辑设计

点击“按钮 1”时调用相机，并且把相机中拍摄好的图片缩小后上传。具体逻辑设计如图 8-17 所示。

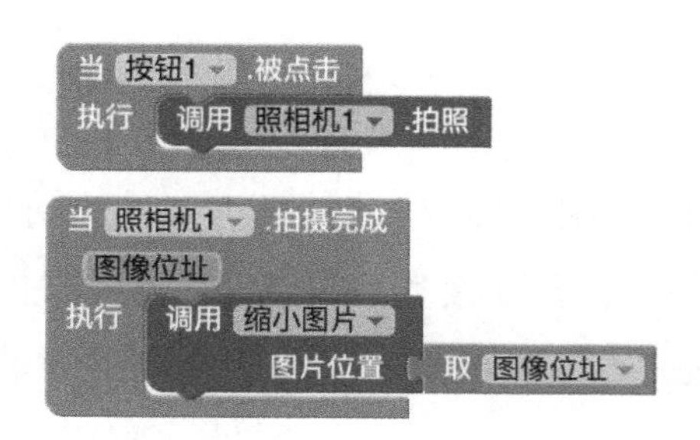

图 8-17 调用相机逻辑设计

（2）点击“图像选择框 1”时调用手机相册选择图片，并把选择好的图片用 TaifunImage 进行缩小，可调用对话框显示其状态。具体逻辑设计如图 8-18 所示。

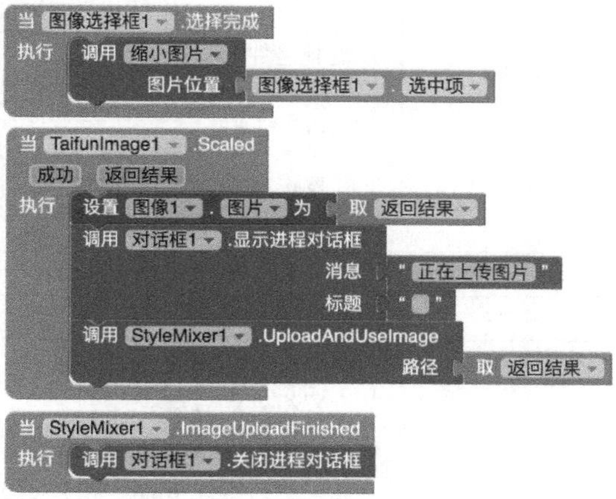

图 8-18 “图像选择框 1”逻辑设计

（3）点击“列表选择框 1”时调用 StyleMixer 选择风格样式。选择完成后，启动 StyleMixer 进行风格转换，并把进度条显示在对话框中，转换成功的图片显示在“图像 1”位置。具体逻辑设计如图 8-19 所示。

```
当 列表选择框1 .准备选择
执行 设置 列表选择框1 . 元素 为 调用 StyleMixer1 .GetSupportedStyles

当 列表选择框1 .选择完成
执行 调用 对话框1 .显示进程对话框
                    消息 “ 正在风格迁移 ”
                    标题 “ ”
     设置 StyleMixer1 . Style 为 列表选择框1 . 选中项
     调用 StyleMixer1 .StartTransfer

当 StyleMixer1 .获得结果
执行 调用 对话框1 .关闭进程对话框
     设置 图像1 . 图片 为 调用 StyleMixer1 .GetResultImageURL
```

图 8-19 “列表选择框 1”逻辑设计

8.2.4 知识链接

1. 列表选择框

用户界面上显示一个按钮，当用户点击该按钮时，会显示一个列表供用户选择。列表中的文字可以在设计或编程界面中进行设置：将选项字符属性设置为一个逗号分隔的字符串（如选项一、选项二、选项三），或者在编程界面中将组件的备选项（Elements）属性设置为一个列表。如果选中搜索（ShowFilterBar）属性，则可为列表添加搜索功能。另一些属性会影响该按钮的外观，如文字对齐、背景色等。“列表选择框”的属性如表 8-6 所示，代码块如表 8-7 所示。

表 8-6 “列表选择框”的属性

属　性	作　用
背景颜色	改变组件的背景颜色
元素字串	一个列表用逗号隔开（如输入 1，2）
启用	可以点击列表选择项
粗体	列表选择器文本以粗体显示
斜体	列表选择器文本以斜体显示
字号	列表显示框的文字大小
字体	列表选择器文本的字体
高度	设置组件的高度
宽度	设置组件的宽度
图像	指定按钮图像的路径 如果同时存在 Image 和 BackgroundColor，则只能看到 Image
项背景色	列表选择项的背景颜色
项文本色	列表选择项的文本颜色

续表

属　　性	作　　用
显示搜索框	设置搜索框的真假显示
选中项	设置列表显示框一开始的选中项
形状	指定按钮的形状（默认，圆角，矩形，椭圆形）
显示交互效果	指定是否应显示作为背景图像的按钮的视觉反馈
文本	显示的标题文本
文本对齐	文字对齐为左、中或右
文本颜色	设置列表显示文字的颜色
标题	可选标题显示在选项列表的顶部
可见性	设置是否组件可见性

表 8-7　“列表选择框”的代码块

代　码　块	类　　型	作　　用
当 列表选择框1 .选择完成 执行	事件	当列表选择框选择完成时执行代码
当 列表选择框1 .准备选择 执行	事件	点击组件按钮或使用“打开”块显示列表时引发的事件。此事件在显示项目列表之前发生，并且可以在显示列表之前用于准备列表
当 列表选择框1 .获得焦点 执行	事件	表示光标在按钮上移动，现在可以点击它
当 列表选择框1 .失去焦点 执行	事件	表示光标远离按钮，现在无法再点击它
当 列表选择框1 .被按压 执行	事件	按下按钮时执行的代码
当 列表选择框1 .被松开 执行	事件	释放按钮时执行的代码
背景颜色 元素 元素字串 启用 粗体 斜体 字号 高度 高度百分比 图像 项背景色 项文本色 选中项 选中项索引 显示交互效果 显示搜索框 文本 文本颜色 标题 可见性 宽度 宽度百分比 设置 列表选择框1 . 元素 为	设属性值	可以设置列表选择框的背景颜色、元素、元素字串、启用、粗体、斜体、字号、高度、高度百分比、图像、项背景色、项文本色、选中项、选中项索引、显示交互效果、显示搜索框、文本、文本颜色、标题、可见性、宽度、宽度百分比等属性值

续表

代　码　块	类　　型	作　　用
列表选择框1 . 背景颜色 ✓ 背景颜色 元素 启用 粗体 斜体 字号 高度 图像 项背景色 项文本色 选中项 选中项索引 显示交互效果 显示搜索框 文本 文本颜色 标题 可见性 宽度	取属性值	可以取列表选择框的背景颜色、元素、元素字串、启用、粗体、斜体、字号、高度、高度百分比、图像、项背景色、项文本色、选中项、选中项索引、显示交互效果、显示搜索框、文本、文本颜色、标题、可见性、宽度、宽度百分比等属性值

2. StyleMixer 扩展

SyleMixer 扩展时将图像风格转换，并上传 jpg 格式的图像文件到服务器，再根据指定的风格样式，服务器自动生成混合风格的图像。StyleMixer 扩展的代码块如表 8-8 所示。

表 8-8　StyleMixer 扩展的代码块

代　码　块	类　　型	作　　用
当 StyleMixer1 .获得结果 执行	事件	获得转换结果。当手机收到服务器传回结果时，执行此事件
当 StyleMixer1 .ImageUploadFinished 执行	事件	当图像上传完成时，执行此事件
调用 StyleMixer1 .StartTransfer	事件	异步请求服务器开始风格转换
调用 StyleMixer1 .GetResultImageURL	取值	获取转换结果图像的 URL
调用 StyleMixer1 .GetSupportedStyles	取值	获取可用风格样式的列表
调用 StyleMixer1 .GetUploadedImageURL	事件	获取已上传图像的 URL
调用 StyleMixer1 .UploadAndUseImage 路径	事件	上传 jpg 格式的图像文件到服务器
StyleMixer1 . Server 设置 StyleMixer1 . Server 为	取值	获取服务器地址 设置服务器地址
StyleMixer1 . Style 设置 StyleMixer1 . Style 为	取值	获取当前风格样式 设置当前风格样式
StyleMixer1	取值	StyleMixer 组件

3. TaifunImage 扩展

TaifunImage 适用于基本图像处理的图像扩展，支持调整、旋转、裁剪、缩放图片。TaifunImage 扩展的代码块如表 8-9 所示。

表 8-9 TaifunImage 扩展的代码块

代码块	类型	作用
当 TaifunImage1 .ChunksCreated successful 返回结果 执行	事件	表示已创建代码块的事件。结果将提供文件名列表
当 TaifunImage1 .Rotated successful 返回结果 执行	事件	表示图像已旋转的事件。参数结果表示 true 或 false
当 TaifunImage1 .Scaled successful 返回结果 执行	事件	表示图像已缩放的事件。参数结果表示 true 或 false
调用 TaifunImage1 .CreateChunks imageFileName rows columns	过程	创建 jpg 图像文件的代码块。（切割图像）rows 表示行，colums 表示列
调用 TaifunImage1 .Crop imageFileName left top right bottom	过程	裁剪图像。输入左、上、右和下的像素距离
调用 TaifunImage1 .Resize imageFileName maxWidth maxHeight	过程	调整 jpg 图像的文件大小
调用 TaifunImage1 .Rotate imageFileName 角度	过程	以顺时针方向将 jpg 图像文件旋转 0 度、90 度、180 度或 270 度
调用 TaifunImage1 .IsLandscape imageFileName	过程	如果图像是横向格式，则返回 true，否则返回 false
调用 TaifunImage1 .Scale imageFileName 宽度 高度 scalingLogic	过程	缩放 jpg 图像文件。参数 scalingLogic 期望值为 FIT 或 CROP，CROP 保持纵横比
调用 TaifunImage1 .Overlay imageFileName1 imageFileName2	过程	叠加图像。第二个图像应该是 png 格式的图像，具有透明度以获得叠加效果
调用 TaifunImage1 .Height imageFileName 调用 TaifunImage1 .Width imageFileName	过程	调用图片高度或宽度
TaifunImage1 . SuppressWarnings 设置 TaifunImage1 . SuppressWarnings 为	属性	返回是否应禁止警告 设置指定应禁止警告
TaifunImage1	取值	TaifunImage 组件

【注意】(1)ImageFileName 文件可以使用相对路径或图像文件的完整路径。使用相对路径,只需在 imageFileName 前加"/",如/myFile.jpg 将缩小文件/mnt/sdcard/myFile.jpg。如果无法接收资源中的文件,那么以"file: ///"开头可以指定文件的完整路径。

(2)叠加图片的使用: 第一张图片只有存储在内部 SD 卡中才能使用。如果第一个图片存储在资源中,则需将文件复制到内部 SD 卡中。

8.3 人脸识别

8.3.1 任务分析

人脸识别技术越来越普及,用 AI+App Invetor 实现一个简单的用人脸识别注册与登录的 App 已不是难事。如图 8-20 所示为人脸识别界面。

图 8-20 人脸识别界面

本任务人脸识别 App 的注册与登录的主要功能如下。

(1)实现人脸识别 App 的"注册"功能,调用相机拍照,对图片进行编码以存储数据,并将识别后的人脸放入一个人脸集合。

(2)实现人脸识别 App 的"登录"功能,将拍摄的照片与建立的人脸集合进行比对,当数据达到一定的吻合度时,即登录成功。

(3)使用 Face++旷视 API 对人脸进行识别。

8.3.2 任务目标

- 会使用照相机组件。

- 会使用 TaifunImage 扩展插件。
- 会使用 Web 客户端。
- 会使用对话框。
- 理解 API 接入“应用”。
- 会连接手机进行调试。

8.3.3 任务实施

1. 申请 Face++旷视 API

登录 Face++旷视网站：http://www.hxedu.com.cn/Resource/OS/AR/zz/xcz/202101505/3.html，单击网页右上角的“注册”按钮，注册开发者的个人账号，如图 8-21 所示。注册成功后，网页会直接跳转到如图 8-22 所示的页面。

图 8-21 Face++旷视

图 8-22 创建“API Key”

选择页面左侧的“应用管理”选项，在弹出下拉列表中选择“API Key”选项，单击“创建 API Key”按钮，完成 API Key 的创建。

创建“API Key”后，自动跳转到“应用管理”页面，如图 8-23 所示。单击“应用”右侧的“查看”按钮，可查看详情，并对 API Key 和 API Secret 进行复制。

图 8-23　“应用管理”页面

2. 创建人脸集合

创建一个人脸集合，用于存放注册的人脸图片，创建地址为 http://www.hxedu.com.cn/Resource/ OS/AR/zz/xcz/ 202101505/4.html。

把上一步复制好的 API Key 和 API Secret 进行粘贴，即可完成创建，如图 8-24 所示。创建后会跳转到一个只有文字的页面，此时切勿立刻关闭，需要保存返回值中的 faceset_token，如图 8-25 所示。

图 8-24　创建人脸集合

{"faceset_token": "c73ffb9a1a19570c0e59f62b71b1fec6", "time_used": 253, "face_count": 0, "face_added": 0, "request_id": "1538716260,0b543d1f-7290-4f5e-b7d7-6352a5bc55df", "outer_id": "", "failure_detail": []}

图 8-25　保存返回值中的 faceset_token

3. 组件设计

（1）准备素材。

本任务需要的素材如表 8-10 所示。

表 8-10　“人脸识别”的素材

文　件		
文 件 名	timg.jpeg、Camera_24px.png、lol_24px.png、TwoFace_147px.png	com.ghostfox.SimpleBase64.aix

（2）新建项目。

在 App Inevntor 2.0 平台中，单击界面左上角的“新建项目”按钮（或单击“项目”→“新建项目”菜单命令），在弹出的“新建项目”对话框中输入项目名称“renlian1”，如图 8-26 所示。

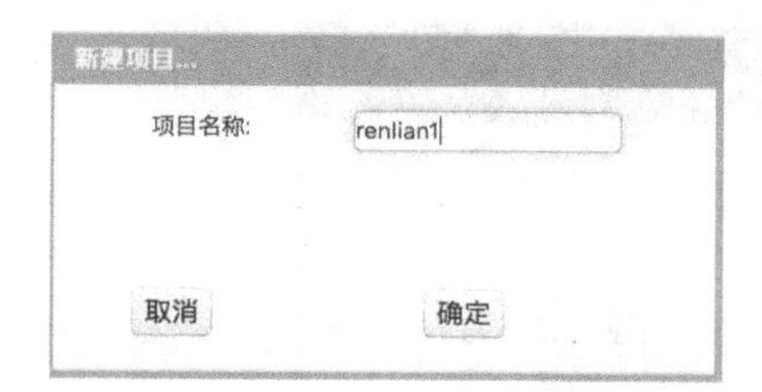

图 8-26　新建项目“renlian1”

（3）上传扩展。

上传 SimpleBase64.aix 和 TaifunImage.aix 扩展组件，具体上传方法请参照本书 8.2.3 节。

本项目除用到图像、按钮组件外，还用到两个扩展组件和两个多媒体组件。具体组件如表 8-11 所示，组件布局效果如图 8-27 所示。

表 8-11　“人脸识别”的组件

组　件	所属面板	命　名	作　用	属性名	属性值
Screen	用户界面	Screen1	显示屏幕		
		Screen 2	显示屏幕	背景	timg.jpeg
按钮	用户界面	按钮 1	等待触摸	图片	lol_24px.png
				背景	透明色
		按钮 2	等待触摸	图片	Camera_24px.png
				背景	透明色
照相机	多媒体	照相机 1	调用手机照相	—	—
		照相机 2		—	—
对话框	用户界面	对话框 1	用于显示警告、消息及临时性通知	—	—
TaifunImage	extenion	TaifunImage1	缩小图片	—	—
SimpleBase64	extenion	SimpleBase641	图片编码	—	—
Web 客户端	通信连接	Dface	人脸识别，并取得标识	—	—
		Aface			
		Sface			
标签	用户界面	标签 1	标签文字	文本	注册中…
				可见性	不可见
		标签 2	标签文字	文本	登录
		标签 3	标签文字	文本	注册
		标签 4、5	标签文字	宽度	18 像素
水平布局	界面设计	水平布局 2、3	水平设计	水平对齐	居中
				宽度	充满
垂直布局	界面设计	垂直布局 1	垂直设计	高度	70%
				宽度	充满

图 8-27　组件布局效果

（4）逻辑设计。

① 定义 4 个全局变量，分别储存 facest_token、api_secret、api key 和 action，如图 8-28 所示。

图 8-28　定义全局变量

② 设置实现注册功能的“按钮 2”。设计流程图如图 8-29 所示。当点击“按钮 2”时，调用照相机拍照，拍摄完成后，需要调用“TaifunImage”组件缩小照片。具体逻辑设计如图 8-30 所示。

【注意】图片不大于 500 像素×500 像素。

程序对照片进行人脸识别（Detect Face，Dface），并获得人脸的标识值。调用“SimpleBase64”组件对图片进行 Base64 编码，执行 POST 文本请求，提交相应的请求参数“api_key”“api_secret”“image_base64”上传图片。

点击“按钮2”
照相机拍照
缩小图片
人脸识别，取得标识值
对图片进行Base64编码
POST文本请求参数上传图片

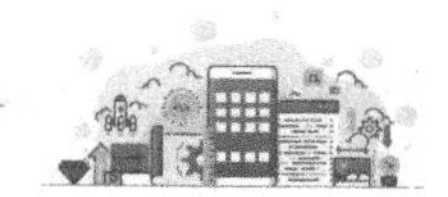

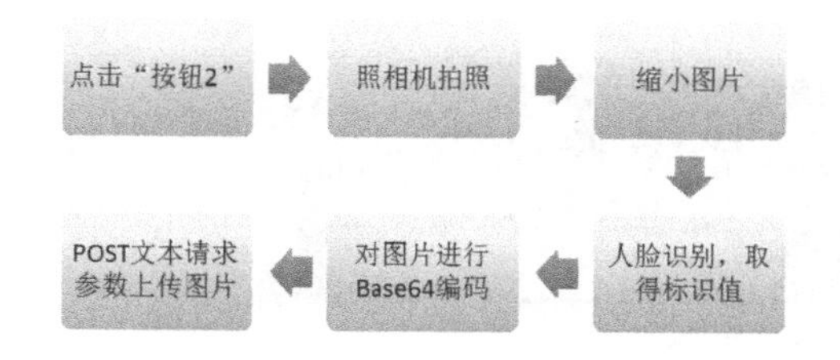

图 8-29　“按钮 2”设计流程图

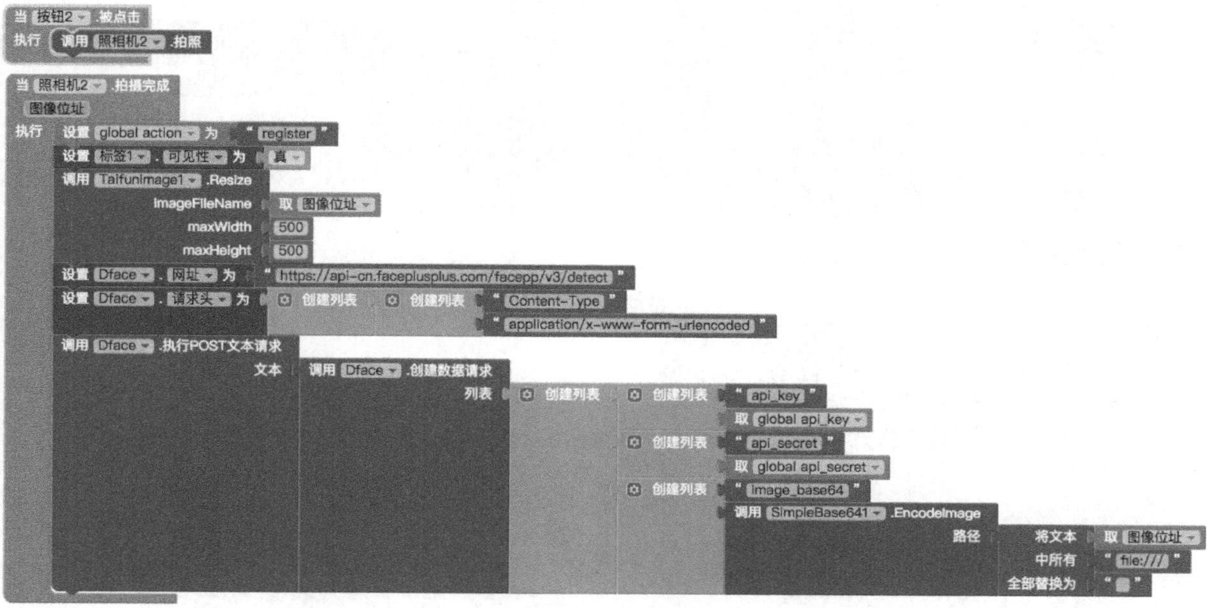

当 按钮2 .被点击
执行 调用 照相机2 .拍照
当 照相机2 .拍摄完成
图像位址
执行 设置 global action 为 “ register ”
设置 标签1 . 可见性 为 真
调用 TaifunImage1 .Resize
imageFileName 取 图像位址
maxWidth 500
maxHeight 500
设置 Dface . 网址 为 “ https://api-cn.faceplusplus.com/facepp/v3/detect ”
设置 Dface . 请求头 为 创建列表 创建列表 “ Content-Type ”
“ application/x-www-form-urlencoded ”
调用 Dface .执行POST文本请求
文本 调用 Dface .创建数据请求
列表 创建列表 创建列表 “ api_key ”
取 global api_key
创建列表 “ api_secret ”
取 global api_secret
创建列表 “ image_base64 ”
调用 SimpleBase641 .EncodeImage
路径 将文本 取 图像位址
中所有 “ file:/// ”
全部替换为 “ ”

图 8-30　“按钮 2”逻辑设计

上传图片完成后，需要判断是否成功识别人脸，并通过 face add api 将其添加到人脸集合中。具体设计流程如图 8-31 所示。

“Dface”Web客户端返回文本
json解码转化为“列表”
提取face_token
判断是否成功识别人脸
API添加到人脸集合
判断注册成功与否

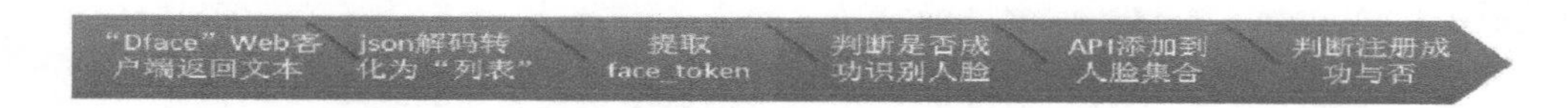

图 8-31　识别人脸并添加到人脸集合中

【注意】Web 客户端返回文本时，需要从中提取该人脸的标识值（face_token），返回的“响应内容”为 json 格式；用列表来提取 face_token 的值，如果图片中没有人脸，或者人脸识别失败，则列表中的 faces 子列表长度为 0。可以通过列表长度判断是否成功识别人脸，通过提取 AddFace 返回值中的 face_count（加入的脸的个数）判断是否注册成功。具体逻辑设计如图 8-32 所示。

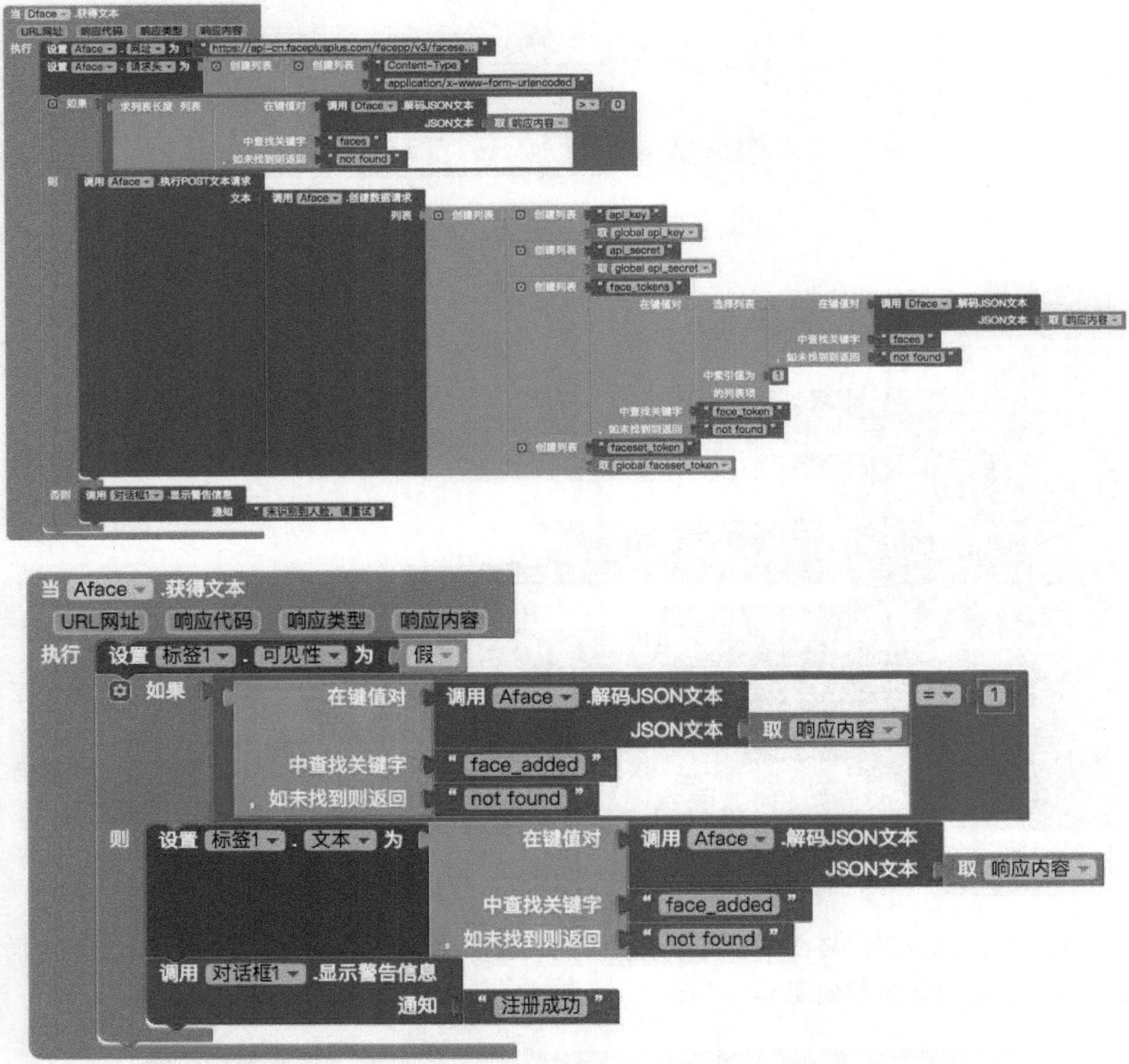

图 8-32　人脸识别逻辑设计

③ 设置实现登录功能的“按钮 1”。点击“按钮 1”并拍照完成后，调用 Search API 在之前注册加入人脸的人脸集合中搜索与拍照的人脸相符的人脸。具体逻辑设计如图 8-33 所示。

获取 SearchAPI 返回值之后，首先根据列表长度判断是否识别人脸，然后从返回的列表中提取拍照的人脸和人脸集合中的人脸的匹配度 confidence，范围为[0,100]，匹配度达到 85 则登录成功。具体逻辑设计如图 8-34 所示。

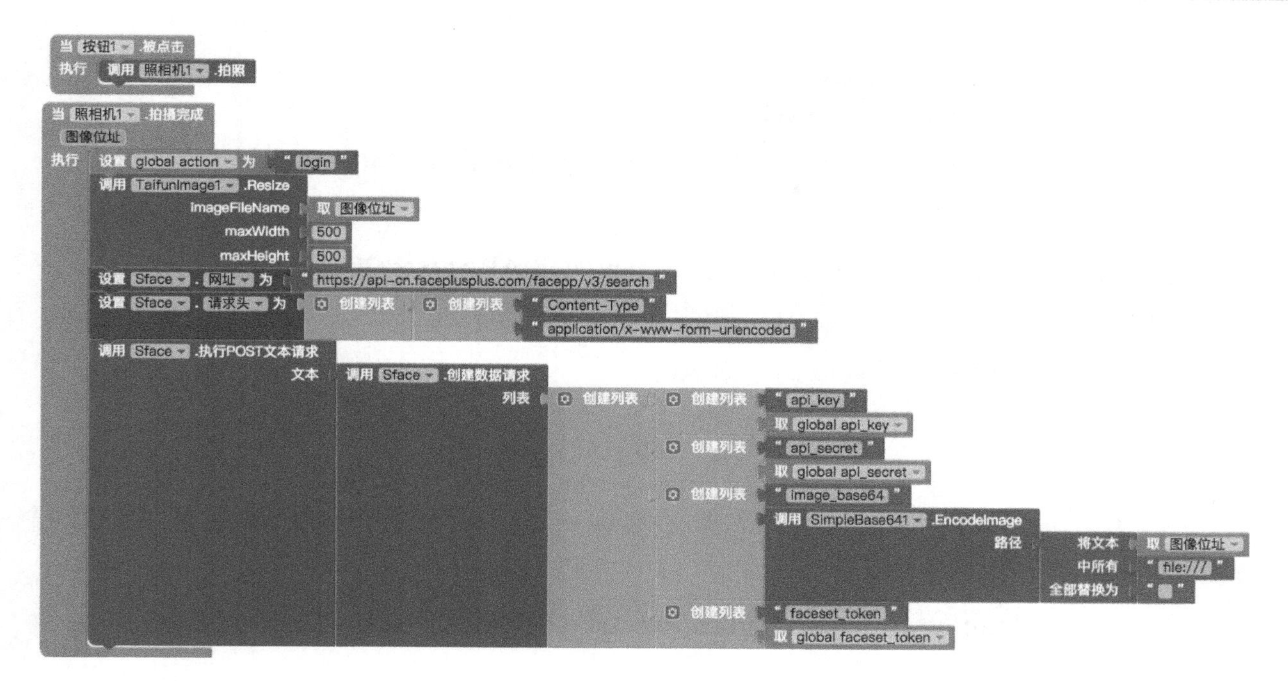

图 8-33 “按钮 1”逻辑设计

图 8-34 “登录”逻辑设计

8.3.4 知识链接

1. Detect API 文档

程序对上传的图片进行人脸检测和人脸分析。程序会检测图片内的所有人脸，对于每个检测出的人脸，会给出其唯一标识 face_token，可用于后续的人脸分析、人脸比对等操作。

图片要求如下。

图片格式：JPG（JPEG），PNG

图片尺寸：最小为 48 像素×48 像素，最大为 4096 像素×4096 像素

图片文件大小：2 MB

调用 URL：http://www.hxedu.com.cn/Resource/OS/AR/zz/xcz/202101505/5.html

调用方法：POST

权限：所有 API Key 都可以调用本 API

2. FaceSet AddFace API 文档

给一个已经创建的 FaceSet 添加人脸标识 face_token。一个 FaceSet 最多存储 1 000 个 face_token。

调用 URL：http://www.hxedu.com.cn/Resource/OS/AR/zz/xcz/202101505/6.html

调用方法：POST

权限：所有 API Key 都可以调用本 API

3. Search API 文档

在一个已有的 FaceSet 中找出与目标人脸最相似的一张或多张人脸的返回置信度和不同误识率下的阈值。

支持导入图片或 face_token 进行人脸搜索。使用图片进行搜索时会选取图片中检测到人脸尺寸最大的一个人脸。

更新日志：2017 年 3 月 28 日，支持 base64 编码的图片

调用 URL：http://www.hxedu.com.cn/Resource/OS/AR/zz/xcz/202101505/7.html

调用方法：POST

App Inventor 2.0 离线版的安装

App Inventor 2.0 是一种在浏览器中在线设计 Android app 界面和功能，并打包为 apk 安装包下载到用户计算机中的一种所见即所得的开发平台。受制于网络环境，开发者经常打不开在线开发平台。本附录讲述在本地快速搭建该平台的步骤。

准备工具：

App Inventor 2.0 离线开发包；

Google 浏览器；

计算机（windows 7、windows 10）。

具体步骤如下。

（1）下载 App Inventor 2.0 的离线开发包并安全解压。

（2）文件有一个脚本叫“安装”软件，默认路径安装 AppInventor_Setup_Installer_v_2_2.bat，双击该脚本，会自动打开一个安装向导，一路默认安装即可，如图 A-1 所示。

【注意】安装过程中一定不要修改默认的安装路径

图 A-1　安装

（3）打开安装好的 App Inventor 2.0 离线开发包，单击“启动”按钮，如图 A-2 所示。

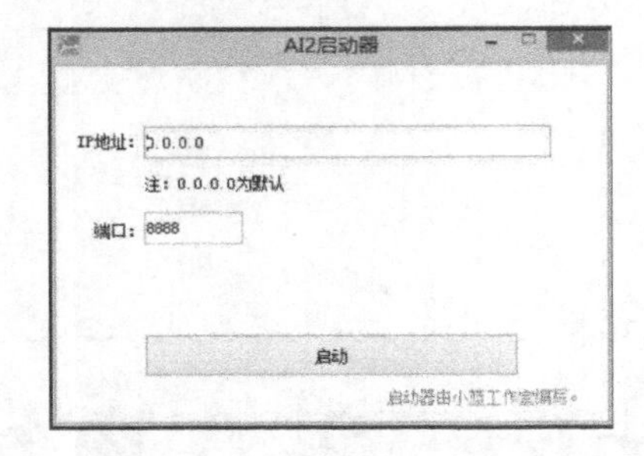

图 A-2　启动

（4）启动后会弹出如图 A-3 所示的代码窗口，单击信息框中的“确定”按钮。

【注意】不要关闭两个 cmd 的代码窗口。

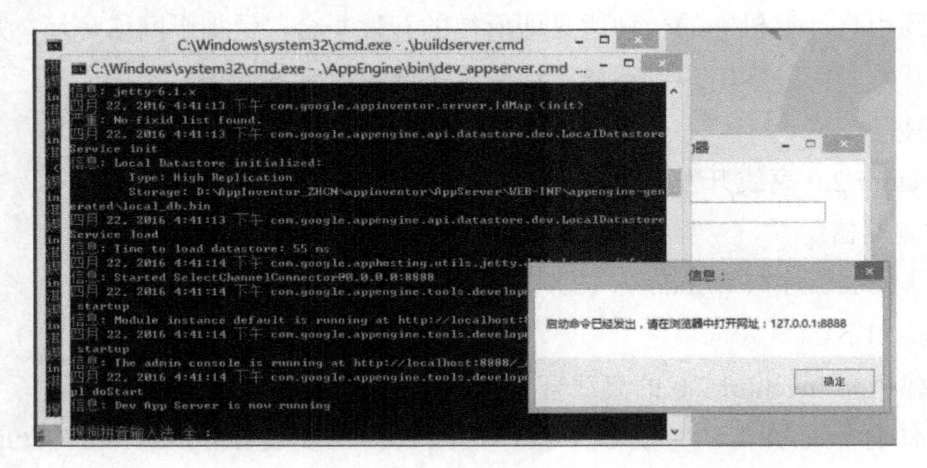

图 A-3　代码窗口

（5）打开 Google 浏览器并访问“127.0.0.1:8888”，单击“log In”按钮，如图 A-4 所示。

图 A-4　单击“log In”按钮

（6）进入 App Inventor 2.0 开发界面，即可编辑 App。

【注意】要用 Google 浏览器访问“本机 IP 地址:8888”。

采用雷电模拟器替换 App Inventor 2.0 中的内置模拟器

在使用 App Inventor 2.0 做开发时，推荐采用 Android 手机通过 Wi-Fi 连接的调试运行模式。但有时因为用户身边没有手机或无法连接无线网络，这就需要采用计算机中的模拟器来进行调试。在计算机中安装 MIT_App_Inventor_Tools_2.3.0_win_setup.exe 模拟器软件后，启动 aiStarter，在开发网页上通过模拟器连接后会弹出内置的手机模拟器，这个手机模拟器还停留在 Android 1.0 时代，性能有限，不支持摇一摇、定位等传感器信息处理功能。并且这个手机模拟器中内置的 AI 伴侣版本太低，需要升级。

可以采用第三方 Android 模拟器来替代的方案解决上述问题。具体步骤如下。

（1）下载雷电安装模拟器，如图 B-1 所示。

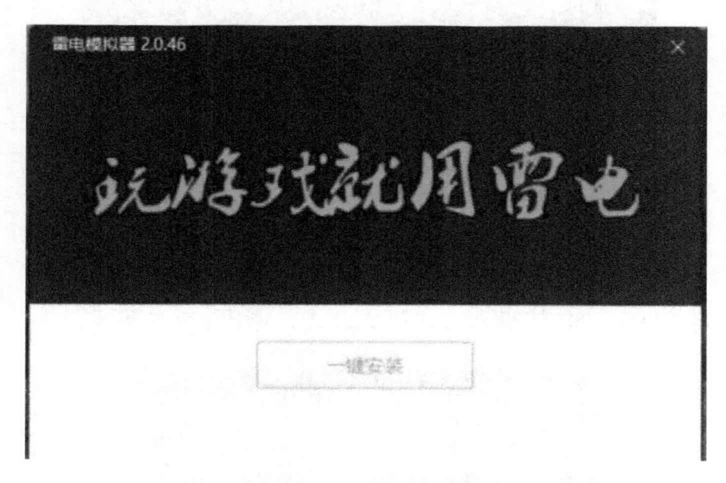

图 B-1　雷电模拟器

（2）安装雷电 Android 模拟器。

（3）启动 Android 模拟器启动后的雷电 Android 模拟器主页如图 B-2 所示。

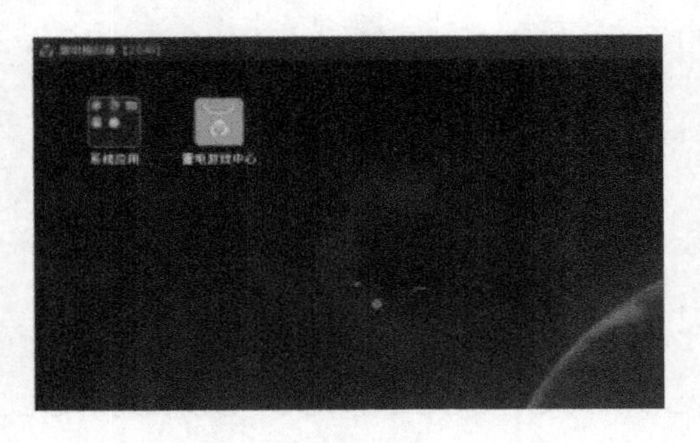

图 B-2　雷电 Android 模拟器主页

（4）在雷电 Android 模拟器中安装最新版的 AI 伴侣，如图 B-3 所示。

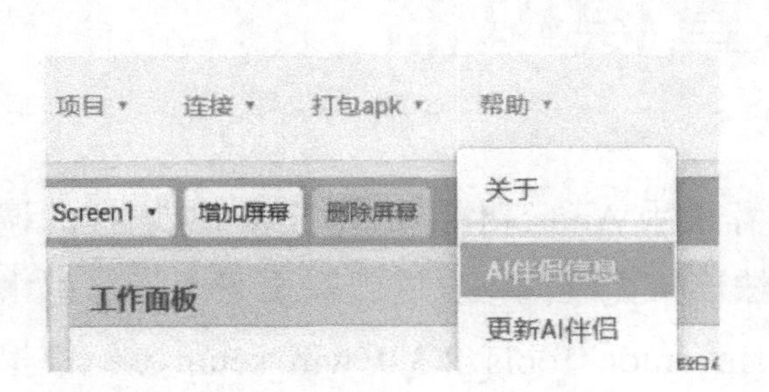

图 B-3　安装最新版的 AI 伴侣

把下载好的 apk 文件拖入雷电模拟器中，即可实现安装，如图 B-4 所示。

图 B-4　安装 AI 伴侣

（5）启动中的 AI 伴侣，将其调整为竖屏模式，如图 B-5 所示。

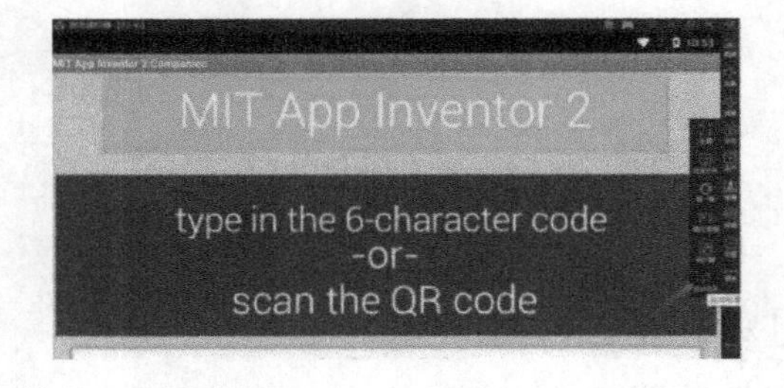

图 B-5　调整雷电模拟器为竖屏模式

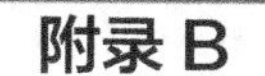

调整后的竖屏模式如图 B-6 所示。

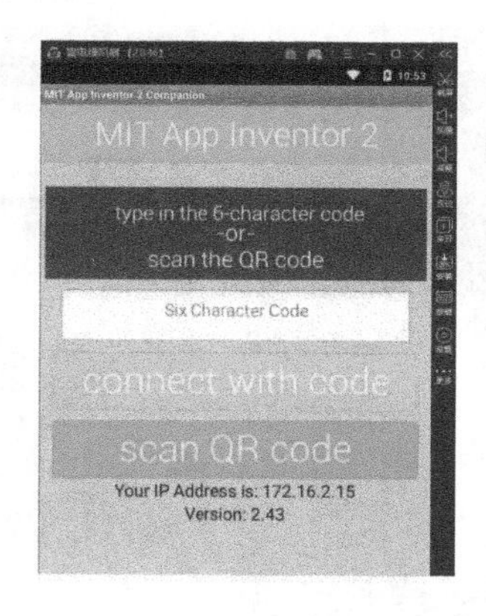

图 B-6 竖屏模式

（6）启动计算机中的 aiStarter，在任务栏会多出一个命令行窗口，保持打开状态，如图 B-7 所示。

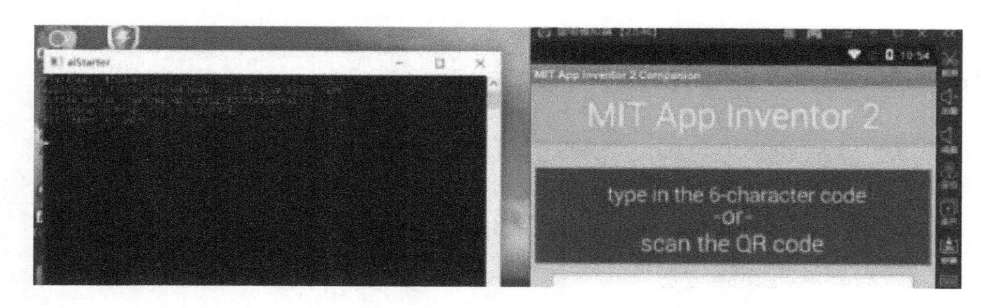

图 B-7 命令窗口

（7）在开发网页上选择菜单并通过模拟器连接，如图 B-8 所示。

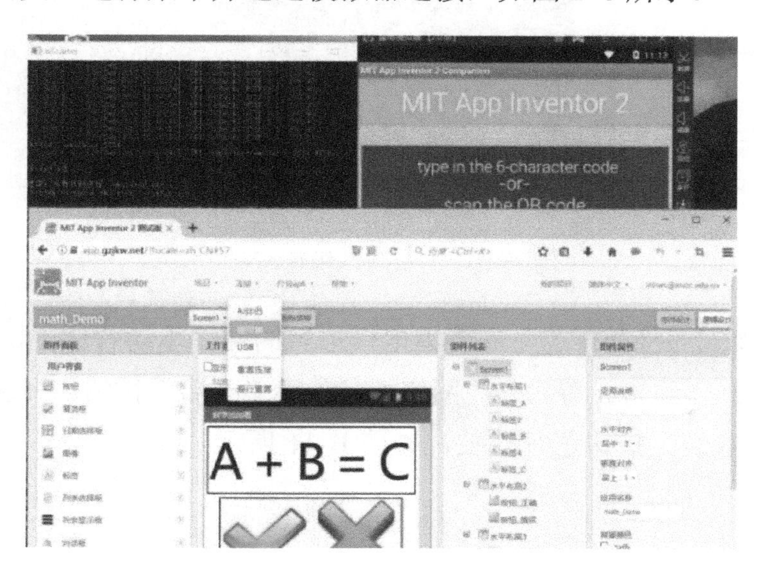

图 B-8 通过模拟器链接

（8）连接成功如图 B-9 所示。

图 B-9　连接成功

（9）采用 USB 模式进行连接调试，如图 B-10 所示。

图 B-10　USB 模式连接

在采用 USB 模式连接前，应先安装雷电模拟器的网络驱动软件。具体安装方法如下。

单击“设置”→“网络设置”→“网络桥接”→“开启”按钮，弹出网络驱动设置信息框，单击“点击安装”按钮进行安装，如图 B-11 所示。

图 B-11　设置网络驱动

取消上述设置，即可关闭网络桥接模式。

网络数据库服务安装

“E 时代”的到来，QQ、微信等聊天软件快速发展，给人们提供了各种便利。本附录通过设计开发“网络留言板”应用，介绍网络数据库服务的使用。

“网络留言板”的运行界面如图 C-1 所示。

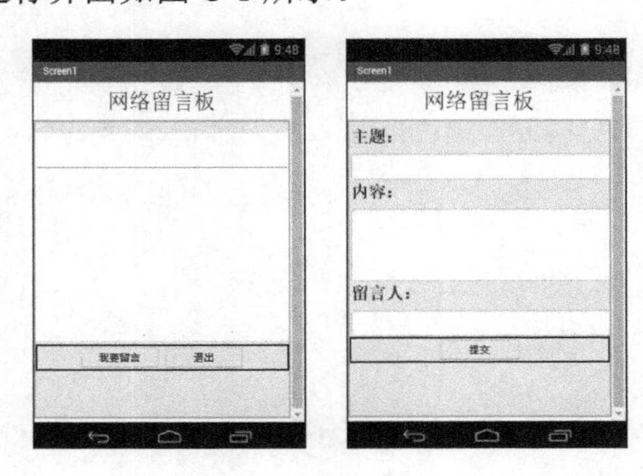

图 C-1 “网络留言板”的运行界面

任务目标

- 掌握网络数据库的使用方法。
- 会用标签、文本输入框、水平布局和按钮等组件进行界面设计。
- 掌握使用计时器获得当前时间的方法。
- 理解程序编程的逻辑，掌握简易留言板的运行原理。

任务实施

1. 创建网络微数据库

用 Google 浏览器打开 http://app.gzjkw.net，如图 C-2 所示。单击“创建网络微数据库”链接，弹出 TinyWebDb 页面，如图 C-3 所示。

图 C-2　App Inventor 2.0 服务器

图 C-3　TinyWebDb 页面

注册并登录，登录后会看到一个服务器地址，如图 C-4 所示，复制 URL。

图 C-4　服务器地址

2. 新建项目

在 App Inevntor 2.0 平台中，单击界面左上角的“新建项目”按钮（或单击“项目”→“新建项目”菜单命令），在弹出的“新建项目”对话框中输入项目名称“liuyan”，单

击“确定”按钮建立项目，如图 C-5 所示。

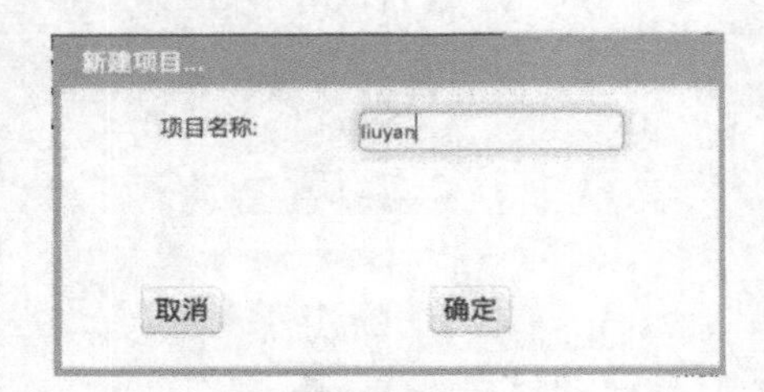

图 C-5 新建项目“liuyan”

3. 组件设计

在 Screen1 中添加的组件如表 C-1 所示。

表 C-1 在 Screen1 中添加的组件

组 件	所属面板	命 名	属性名	组 件
Screen	用户界面	Screen1	标题	网络留言板
标签	用户界面	网络留言板	字号	30
垂直布局	组件布局	查看留言布局	高度	充满
			宽度	充满
			水平对齐	居中

在查看留言布局中添加的组件如表 C-2 所示。

【注意】点击查看留言布局控件，在属性中把允许显示的选项删除。

表 C-2 在查看留言布局中添加的组件

组 件	所属面板	命 名	属性名	组 件
标签	用户界面	无留言	字号	24
			显示文本	
			宽度	充满
			文本对齐	居中
列表显示框	用户界面	留言列表	宽度	充满
			字号	50
			高度	60%
			背景颜色	白
			文本颜色	黑
水平布局	组件布局	水平布局 1	宽度	充满
按钮	用户界面	我要留言	显示文本	我要留言
			宽度	30%
按钮	用户界面	退出	显示文本	退出
			宽度	30%
垂直布局	组件布局	留言布局	高度	充满
			宽度	充满

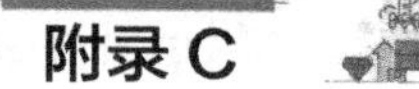

在输入留言布局中添加的组件如表 C-3 所示。

表 C-3 在输入留言布局中添加的组件

<table>
<tr><th>组件</th><th>所属面板</th><th>命名</th><th>属性名</th><th>组件</th></tr>
<tr><td rowspan="4">标签</td><td rowspan="4">用户界面</td><td rowspan="4">主题</td><td>字号</td><td>24</td></tr>
<tr><td>显示文本</td><td>主题</td></tr>
<tr><td>宽度</td><td>充满</td></tr>
<tr><td>字体</td><td>粗体</td></tr>
<tr><td rowspan="2">文本输入框</td><td rowspan="2">用户界面</td><td rowspan="2">主题</td><td>宽度</td><td>充满</td></tr>
<tr><td>提示</td><td>请输入主题</td></tr>
<tr><td rowspan="5">标签</td><td rowspan="5">用户界面</td><td rowspan="5">内容</td><td>字号</td><td>24</td></tr>
<tr><td>显示文本</td><td>内容</td></tr>
<tr><td>宽度</td><td>充满</td></tr>
<tr><td>字体</td><td>粗体</td></tr>
<tr><td>高度</td><td>20%</td></tr>
<tr><td rowspan="2">文本输入框</td><td rowspan="2">用户界面</td><td rowspan="2">内容</td><td>宽度</td><td>充满</td></tr>
<tr><td>提示</td><td>请输入内容</td></tr>
<tr><td rowspan="4">标签</td><td rowspan="4">用户界面</td><td rowspan="4">留言人</td><td>字号</td><td>24</td></tr>
<tr><td>显示文本</td><td>留言人</td></tr>
<tr><td>宽度</td><td>充满</td></tr>
<tr><td>字体</td><td>粗体</td></tr>
<tr><td rowspan="2">文本输入框</td><td rowspan="2">用户界面</td><td rowspan="2">留言人</td><td>宽度</td><td>充满</td></tr>
<tr><td>提示</td><td>请输入留言人</td></tr>
<tr><td rowspan="2">水平布局</td><td rowspan="2">组件布局</td><td rowspan="2">水平布局 2</td><td>宽度</td><td>充满</td></tr>
<tr><td>水平对齐</td><td>居中</td></tr>
<tr><td rowspan="2">按钮</td><td rowspan="2">用户界面</td><td rowspan="2">提交</td><td>显示文本</td><td>提交</td></tr>
<tr><td>宽度</td><td>30%</td></tr>
<tr><td>对话框</td><td>用户界面</td><td>对话框 1</td><td></td><td></td></tr>
<tr><td>网络微数据库</td><td>数据存储</td><td>网络微数据库 1</td><td>服务器地址</td><td>http://tinywebdb.gzjkw.net/db.php?user=xenia&pw=12345678&v=1</td></tr>
<tr><td>计时器</td><td>传感器</td><td>计时器 1</td><td></td><td></td></tr>
</table>

组件布局效果如图 C-6 所示。

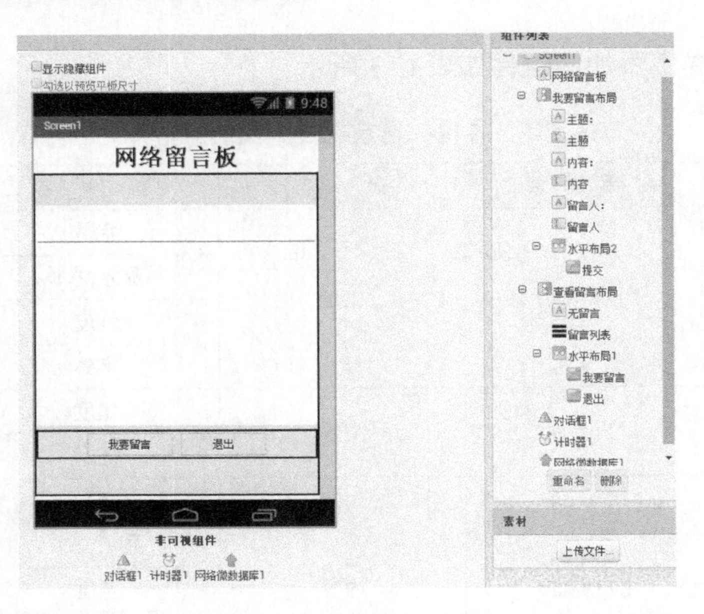

图 C-6　组件布局效果

4. 逻辑设计

（1）定义一个全局变量。

用来存放从“网络数据库”中获取的留言列表。具体逻辑设计如图 C-7 所示。

初始化全局变量 mess 为 创建空列表

图 C-7　定义一个全局变量

（2）获取、显示留言。

当 Screen1 初始化时，通过“网络微数据库 1”组件从网络数据库中获取数据，在网络数据库收到数据时判断是否有人留言，并做出提示。具体逻辑设计如图 C-8 所示。

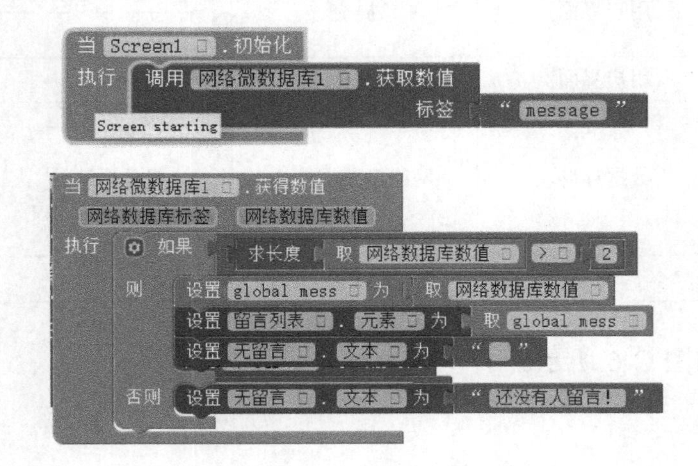

图 C-8　获取、显示留言逻辑设计

（3）我要留言。

当点击“我要留言”时，“查看留言布局”不显示，“留言布局”显示。将主题、内容、留言人 3 个文本框清空以便输入。同时设置“退出”按钮用于退出程序。具体逻辑设计如图 C-9 所示。

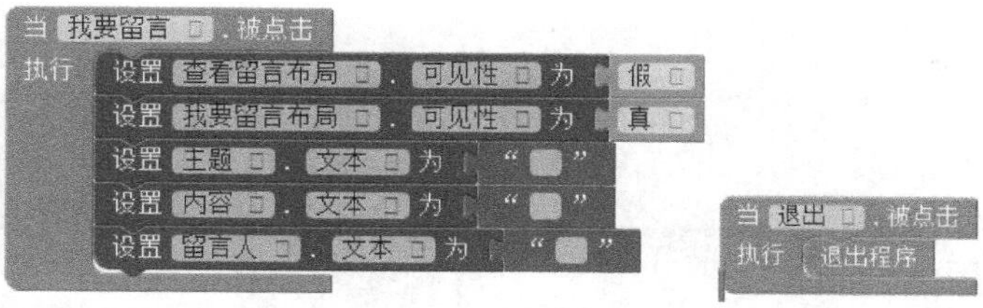

图 C-9 “我要留言”逻辑设计

（4）提交、存储留言。

当点击“提交”时，判断是否输入了主题、内容和留言人，如果均不为空，则在变量列表 mess 的第一项位置插入留言信息，信息中各项的顺序必须和数据库中存放的字段顺序一致，依次为主题、内容、留言人、留言时间，然后将数据保存到网络数据库中。具体逻辑设计如图 C-10 所示。

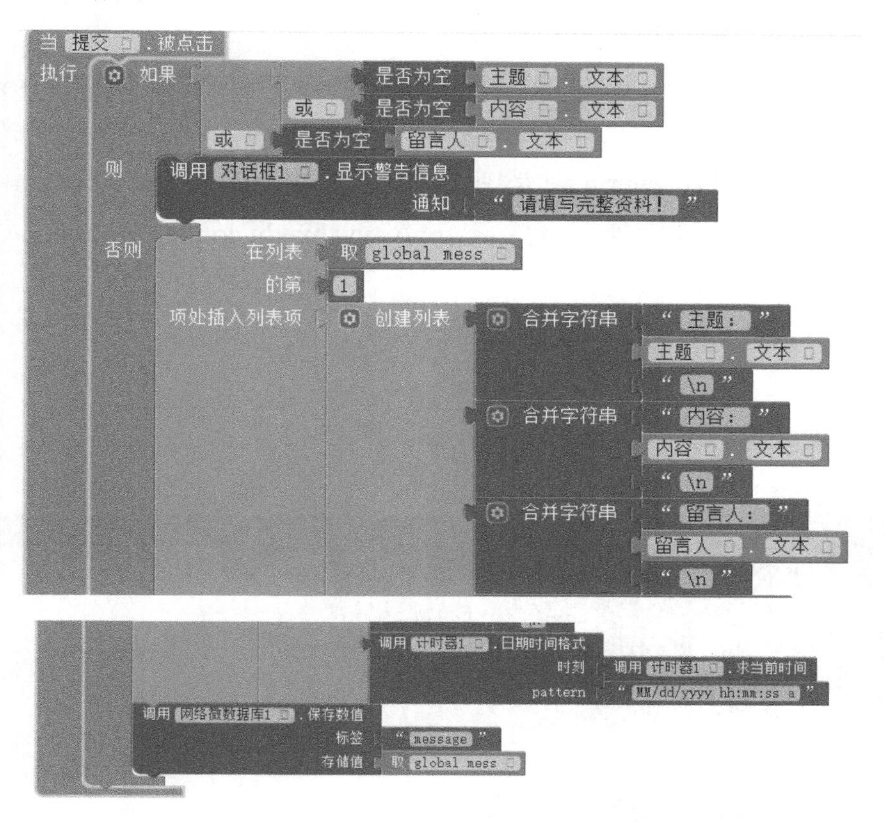

图 C-10 提交、存储留言逻辑设计

（5）刷新。

当数据保存完成时，将“查看留言布局”重新显示出来，并隐藏“留言布局”，同时重新向“网络数据库”申请新的数据，这样可以让列表显示框中的列表刷新一次。具体逻辑设计如图 C-11 所示。

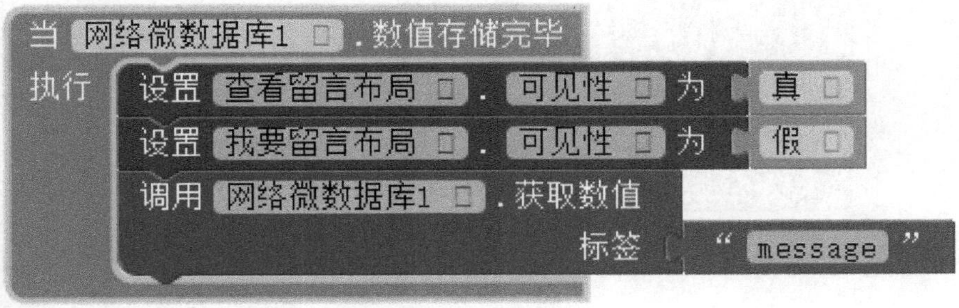

当 网络微数据库1 .数值存储完毕
执行 设置 查看留言布局 . 可见性 为 真
设置 我要留言布局 . 可见性 为 假
调用 网络微数据库1 .获取数值
标签 “ message ”

图 C-11　刷新逻辑设计

5. 连接测试

知识连接

网络微数据库 TinyWebDb 的增删查改。

本书中使用的网络微数据库地址为 http://www.hxedu.com.cn/Resource/OS/AR/zz/xcz/202101505/8.html。

其中，share 是用户名、everyone 是密钥，支持使用 API 查询数据记录。

网络微数据库的 API 地址为：http://www.hxedu.com.cn/Resource/OS/AR/zz/xcz/202101505/9.html。

1. 增添一个 Tag

设置服务地址，保存数据。具体逻辑设计如图 C-12 所示。

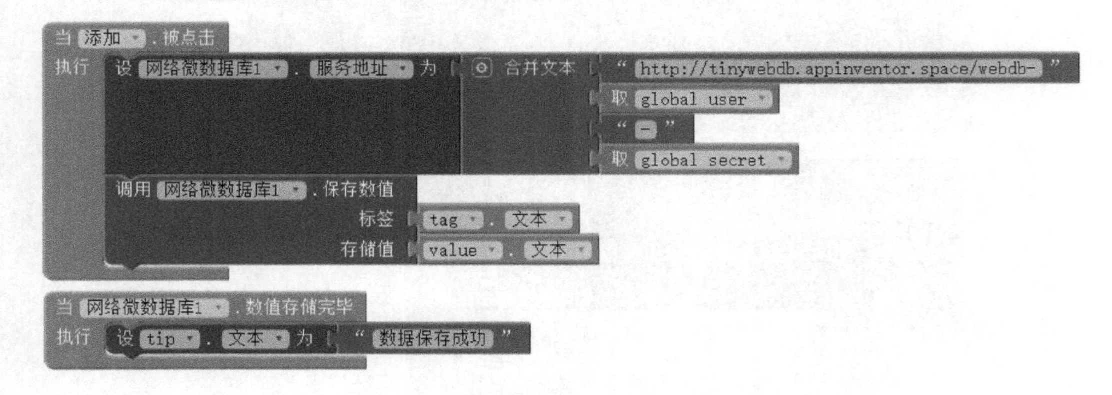

图 C-12　添加一个 Tag 逻辑设计

2. 查询一个 Tag

选择一个 Tag，获取其 Tag 的值并显示。具体逻辑设计如图 C-13 所示。

当 列表显示框1 . 选择完成
执行 设 网络微数据库1 . 服务地址 为 合并文本 “ http://tinywebdb.appinventor.space/webdb- ”
取 global user
“ - ”
取 global secret
调用 网络微数据库1 . 获取数值
标签 列表显示框1 . 选中项
当 网络微数据库1 . 获得数值
网络数据库标签 网络数据库数值
执行 设 tag . 文本 为 取 网络数据库标签
设 value . 文本 为 取 网络数据库数值

图 C-13 查询一个 Tag 逻辑设计

3. 删除一个 Tag

设置 API 网址，执行 POST 请求，设置参数。具体逻辑设计如图 C-14 所示。

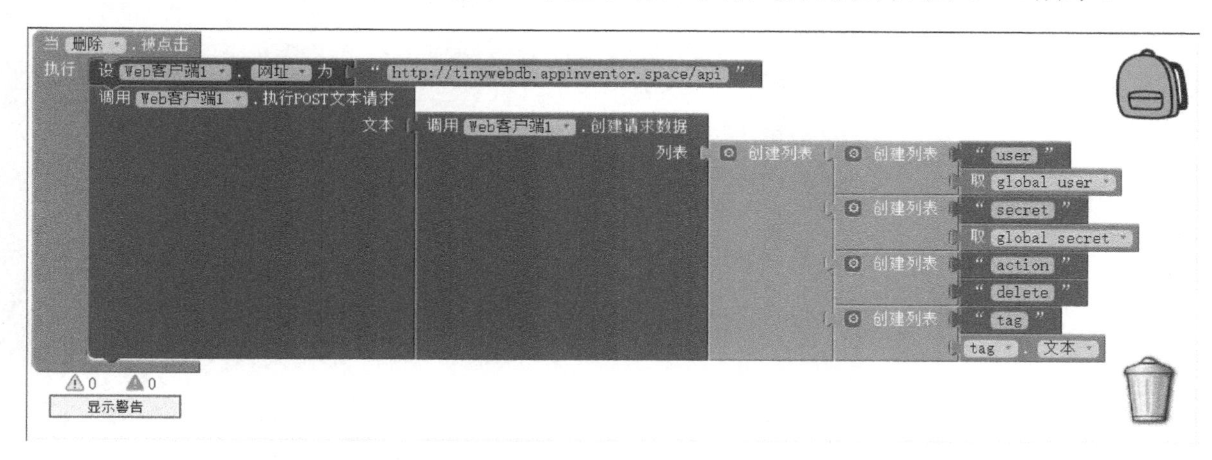

图 C-14 删除一个 Tag 逻辑设计

4. 查询多个 Tag

当 Web 客户端获得响应后，解码 json（一个键值对列表）并保存到变量 data 中。然后设置网址、参数并发送 POST 请求。

【注意】键值对中的每一项都是一个长度为 2 的列表。第一项是标签名，保存到变量 tag 中；第二项是标签值，保存到变量 value 中。

用两个列表显示框分别显示 tag 和列表。具体逻辑设计如图 C-15 所示。

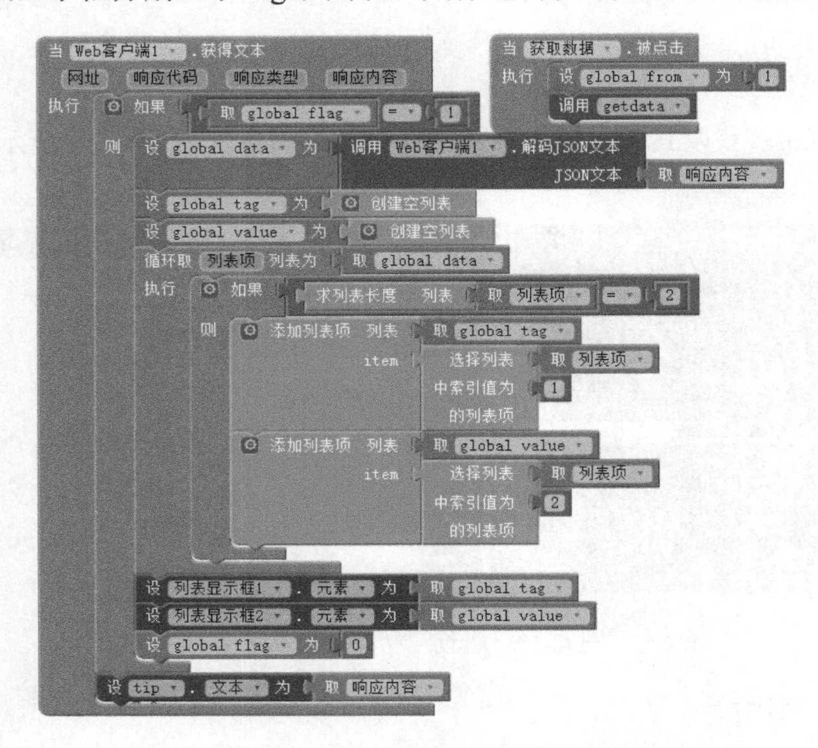

图 C-15　查询多个 Tag 逻辑设计

反侵权盗版声明